编委会名单

主　　编　孙　毅

主　　审　王英勋

主任委员　张　峰　王英勋　柯玉宝

副主任委员　孙　毅　兰玉彬　段志勇　陈　铭
　　　　　　张会军　霍保京

委　　员　杨　炯　高鹏举　薛骋豪　周　江
　　　　　张　娜

执行委员　王夏峥　郝　琦　孟雅妮　何　宁
　　　　　张　力　陈咚冬　梁文广　孙芳芳

序

　　无人机由于突破了人的生理限制，与传统有人机相比，在机身尺度、飞行高度、速度、过载、航时、航程、应用环境等方面大幅拓展；同时，随着信息和控制技术的快速发展，无人机"智能化"程度大幅提升。在军用领域，无人机不断催生新型作战力量，有效提升作战效能，受到各军事强国的广泛重视，持续引领航空航天和军事装备技术迅猛发展；在民用领域，无人机带来更加便捷的任务手段和可优化的作业成本，并适应更加复杂的运行环境，广泛应用于测绘、勘探、森林防火、电力巡线等领域，正在掀起新的产业发展浪潮。无人机正在科学技术和国民经济的各个领域大放异彩。

　　无人机诞生百余年，历经了军事领域的战火硝烟和民用领域的群雄逐鹿。近年来，航拍、植保、物流等消费级和工业级无人机的快速发展引起了极大的市场关注。蓬勃的市场和激烈的竞争不断揭示着无人机系统广泛的应用前景，也暴露了在无人机试飞和空域监管、安全性、产业链等方面的发展短板，迫切需要加强相关领域的法规完善、产业协同和人才培养。对于广大管理者和从业者而言，全面系统地了解无人机系统概念和基础知识尤为重要。

　　鉴于无人机种类繁多、谱系宽泛，大小、质量、结构等差异极大，因此，无人机概念以及设计、试验和应用所覆盖的学科领域十分广泛，相比传统有人机又有诸多不同。《无人机系统基础教程》从无人机的起源、兴起发展说起，系统讲解了无人机的概念、气动、结构、动力、控制、试飞，理论与应用并重，方法与实践兼顾，全书深入浅出，循序渐进，全面系统，趣味性强，具有很强的实践和指导意义。

　　本书作者均为长期从事无人机技术研究、飞行技术研究的专家学者和长期从事无人机飞行的专业操作人员，具有坚实的理论基础和丰富的实践经验。

　　放眼未来，无人机正在向着更加智能化、体系化、普及化的方向发展，无人机的技术革新必将给我们的生产和生活带来革命性的改变。在这个科技日新月异的时代，我们期待着无人机系统创造新的奇迹。

王英勋

2019年6月

前　言

"大鹏一日同风起，扶摇直上九万里。"人类征服天空的历史，亦是一部人类战胜自我的血泪史。从1903年12月17日莱特兄弟成功试飞人类第一架飞机"飞行者一号"，人类第一次打开了飞向天空的潘多拉魔盒，到1914年第一次世界大战（以下简称"一战"）期间英国将军向英国军事航空学会提出研制无人机的建议，直至1933年1月"费雷尔·昆虫"无人机试飞成功，人类探索天空的步伐已经从有人机向无人机发展。近年来，人工智能技术发展为航空器再插上一双隐形的翅膀，未来的天空必定是无人机的天下。

无人机的发展从最初的军事领域不断延伸到民用领域，无人机被应用到社会生产发展的各个方面。从航拍航测到森林防火，从交通监管到高空灭火，无人机一步步刷新着人们的认知。民用无人机数量日益增多，生产应用场景更加复杂多样。

本书共24章。第1章从航空器的概述引入，介绍航空与航天的差异，固定翼与直升机的分类；第2章介绍无人机的兴起和发展历程；第3章介绍无人机的空气动力学基础，从伯努利公式到飞机翼型，由此引发第 4 章对多旋翼无人机与直升机异同的探讨；第5~9章介绍什么是无人机系统、固定翼无人机与多旋翼无人机的总体设计，以及无人机的系统结构；第 10~12 章介绍传统飞行器动力、新兴电动动力和无人机动力系统的设计、安装；第13~16章从航空器飞行与控制的概念引入，首先介绍无人机的姿态控制与位置控制，进而介绍其执行机构及操纵系统；第17~21章从无人机的实验试飞到航空器的飞行认知及体验来介绍杆舵控制手法和控制方法；第22章从多旋翼无人机的任务系统来介绍现代常见无人机的基本功能；第23、24章为固定翼飞行器与旋翼飞行器的拓展设计，介绍无人机设计的基本方法与步骤。

本书以无人机的基本航空理论、系统结构、操纵原理、飞行体验和设计原理为主要内容，将相关知识点依次串接，穿插课堂讨论及技能实践，突出实际教学应用。同时本书可搭配中国航空器拥有者及驾驶员协会（中国AOPA）提供的基础实训器材包及实训室包使用,理论与实践相结合,对学生相关能力的培养和锻炼起到重要的指导作用。

本书的完成得益于很多人的支持。在编写过程中，我们与国内很多专家学者和业内资深人士进行了交流和讨论，广泛采纳和吸取了他们的观点和建议，在此特别感谢北京航空航天大学（以下简称"北航"）相关老师。本书在编写过程中参考和引用了部分资料，在此对相关作者表示感谢。

由于编者知识理论水平和实践经验有限，书中不妥之处在所难免，敬请读者斧正。

《无人机系统基础教程》编写委员会

2019年5月20日

于北京

目　　录

第1章 航空器概述

1.1 航空与航天——两个大部门

在大气层内飞行的是航空器，在大气层外飞行的是航天器；航空部门生产固定翼飞机、直升机，航天部门生产火箭和卫星。

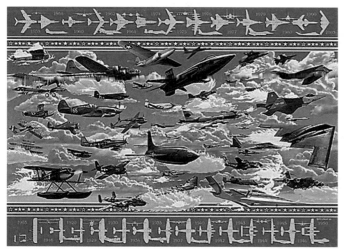

▲航空器

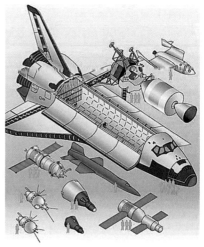

▲航天器

1.2 仰望天空——航空的起源

鸟类、蝙蝠、昆虫以及远古的翼龙这四个生物种群，为人们的飞行之梦带来了无尽的遐想。

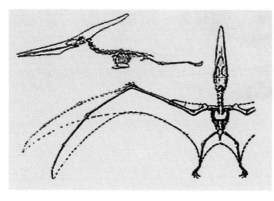

▲两亿多年前翼龙的骨骼

▲一百多年前李林塔尔的滑翔机

— 1 —

▲两千多年前中国的竹蜻蜓

▲五百多年前达·芬奇的旋翼机手稿

1.3 航空器的分类——升力与浮力

航空器主要分为轻于空气的飞艇、气球和重于空气的固定翼飞行器、旋翼飞行器、扑翼飞行器以及变模态飞行器等。

▲现代硬式飞艇

▲探空气球

▲我军现役武直-10"霹雳火"武装直升机

▲世界上最重的航空器（固定翼，安-225"梦想"，最大起飞质量640 t）

▲北航"微蝠"扑翼无人机

▲"海鹞"垂直起降战斗机（变模态）

1.4　固定翼的分类——尾巴在后还是尾巴在前

由固定的机翼产生升力的飞行器占航空器中的大多数。固定翼飞行器主翼与辅助翼的前后位置可以作为固定翼飞行器进一步划分的依据。

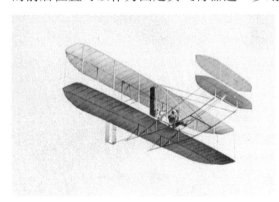

▲莱特兄弟的"飞行者一号"（鸭式布局）

▲我军现役歼-20（鸭式布局）战斗机

▲B-2"密苏里幽灵"隐身轰炸机（无尾布局）

▲美国飞机坟场的B-52"同温层堡垒"轰炸机（常规布局）

1.5 固定翼飞行器平台组成——棍子插上翅膀

固定翼飞行器平台主要由机身（棍子）、主翼（翅膀）、尾翼、操纵面、起落架等部件及各类机载装置与设备组成。

▲一战德国王牌飞行员"红男爵"坐骑福克DR3

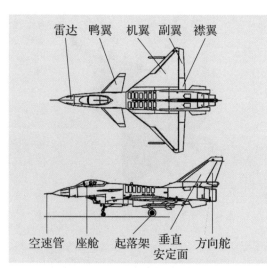

▲我军歼-10"猛龙"战斗机

▲美国F-86"佩刀"喷气式战斗机

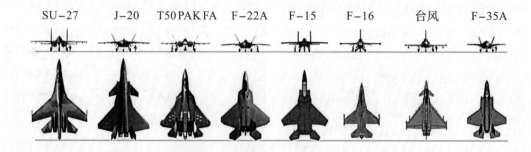

▲世界现役最牛的固定翼战斗机

1.6　直升机的组成——头上插上竹蜻蜓

直升机主要由机体和升力（包括旋翼、尾翼）、动力、传动三大系统及机载飞行设备等组成。

▲AH-64阿帕奇武装直升机

▲武直-10

 堂课讨论　人粘上羽毛为什么飞不起来？

技能实践　对现场准备的固定翼无人机教具的机身、机翼实施拆装

固定翼飞机大小尺寸不同，机身、机翼安装方式也不同。

▲最小号的一般用橡皮筋捆绑

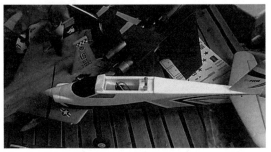

▲大一点的用螺栓直连

▲再大一点的用插销管连接

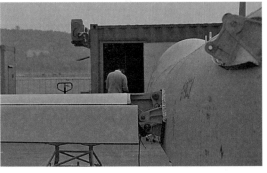

▲最大号的使用螺栓连接

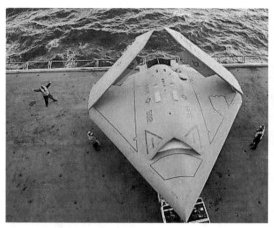

▲还有些无人机机身和机翼是折叠的

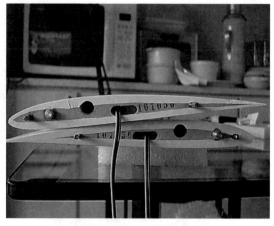

▲无论哪种方式都不要忘记机身、机翼电缆的连接

能实
技 2 践　不通电状态下，找到现场提供的固定翼无人机教具两个以上机械问题

（平台本身有 5 处以上错误，包括机械对称性、紧固、重心、螺旋桨方向、起落架、电磁等。）

▲机械上的不对称

▲飞机少安装一个螺钉（紧固件）

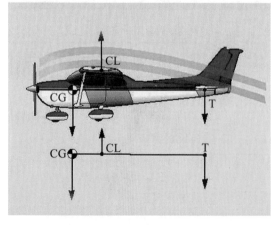

▲重心靠后、靠前都不行

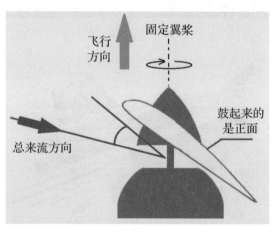

▲螺旋桨的安装有正反

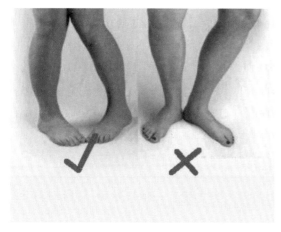

▲固定翼无人机主起落架不能外八字安装　　　　▲无特殊需求，电磁设备不要过多集中安装

✍ 习题

1. 航空器与航天器的运行环境有什么不同？
2. "海鸥"战斗机是什么类型的飞行器？
3. 世界上第一架有人机是常规布局还是鸭式布局？
4. 襟翼是固定翼还是旋翼飞行器的重要组成部分？
5. 大型固定翼无人机多使用什么方式进行机身与机翼的连接？
6. 固定翼无人机主起落架多使用内八字还是外八字安装？

第2章 无人机的兴起

2.1 人类技术的更迭——终极进化

就世界的解放作用而言，摩擦生火第一次使得人类支配了一种自然力，从而最后与动物界分开。——恩格斯

简单来讲，我们人类世界经历了四次大的技术革命。

1. 火的使用：碳基智慧生物——人本身的诞生。
2. 机械革命：使人类创造机器人的身体成为可能。
3. 网络与信息化革命：使人类塑造机器人的灵魂成为可能。
4. 自动化运动平台革命：整合身体与灵魂，创造出硅基生命——智能机器人。

▲火的使用塑造人类

▲机械革命创造钢铁生命的躯体

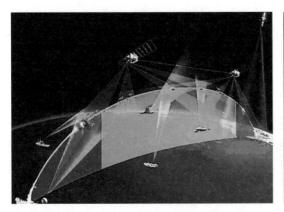

▲信息化革命使塑造灵魂成为可能

▲创造出智能机器人

2.2　机器人时代的来临——势不可挡

机器人是利用先进人工智能技术开发出的，能够在无人操作情况下完成智能化任务的设备。根据使用环境与介质的不同分为海、陆、空、天、特种机器人等。

▲海上机器人

▲陆上机器人

▲空中机器人

▲太空机器人

▲特种四足机器人

▲特种人形机器人

2.3　天上飞的反而是最简单的——不信看看蚊子

机器人一方面要有灵活的身体，另一方面要有好用的脑子。

那么是身体复杂还是脑子复杂？当然是脑子复杂。

地上跑的无人车身体虽然简单，但因为它是要上路的，它得会停车入位，还得会避让过马路的老太太，还得分辨谁是碰瓷的，那是需要复杂的智力的，所以综合来说，研制陆上机器人很难。

而无人机看似高大上，实际上它只需要从 A 点飞到 B 点再飞到 C 点，类似一个大蚊子，蚊子又需要多大脑子？

所以在人工智能（Artificial Intelligence，AI）技术还没有突破的今天，最先出现在我们生活中的必将是漫天的机器蚊子，不信看看这些花花绿绿的多旋翼飞行器们。

▲民用电力架线多旋翼飞行器

▲民用玩具多旋翼飞行器

▲军用枪械多旋翼飞行器

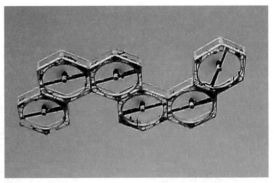

▲科研自动组合多旋翼飞行器

▲民用航拍多旋翼飞行器

▲民用竞速比赛多旋翼飞行器

 堂课讨论 机器人的智力什么时候超过人类？会有危险吗？

能技实践 对现场准备的多旋翼无人机教具的机架、机臂实施拆装

多旋翼拆装方式多种多样。

▲有些需要拆管

▲有些需要拆片

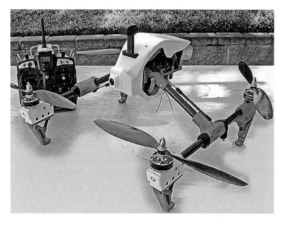

▲有些会把脚架一起拆下

▲还有些机架、机臂根本就拆不开

能实
技 2 践 不通电状态下,找到现场提供的多旋翼无人机教具两个以上机械问题

（平台本身有5处以上错误,包括紧固、重心、螺旋桨方向、电磁等。）

▲一个螺钉没上紧

▲包裹一定得挂在正中间

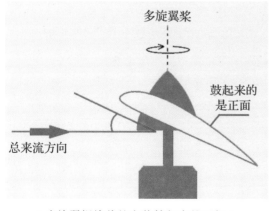

多旋翼桨

鼓起来的是正面

总来流方向

▲多旋翼螺旋桨的安装鼓起来的面朝上

▲无特殊需求,电磁设备不要过多集中安装

习题

1. 人类世界经历了几次大的技术革命?
2. 使人类创造机器人的身体成为可能的是哪一次技术革命?
3. 无人水面艇属于哪类机器人?
4. 从现阶段技术条件来看,是无人机研制起来复杂还是无人车研制起来复杂?
5. AI的英文全称是什么?

第3章　无人机空气动力学基础

3.1　伯努利原理——航空的圣经

空气和水都是由自由流动的分子组成的流体。只要有温度，这些分子就会前后左右运动，只有在绝对零度（−273.15℃）它们才会停止运动。在常温下，微观角度下，无数个分子撞击到某一个平面，这些撞击力之和就是测得的压力。

如果空气不流动，这些小分子会向四周均匀地撞来撞去，这时从任何位置测得的压力都是 1atm*。如果这些小分子集体向某个方向高速运动，那么它们大部分的能量将用来冲击运动方向，此时对周围其它方向撞击力小了，对周围的压力也就小了，小于1atm。因此水或者空气中速度快的地方压力就小。例如，龙卷风转得比周围空气快，压力就比周围空气小，它才能把周围的物体吸进去（其实是被周围空气的1atm大气压压进去的）。

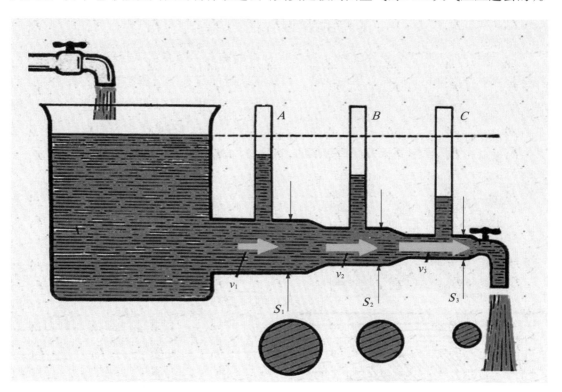

▲伯努利原理的经典实验：水管越细的地方水流越快，分子向前冲击的趋势越明显，侧向顶出的水位越低，所以C处压力最小，小于1atm

---

* : 1 atm = 101.325 kPa。

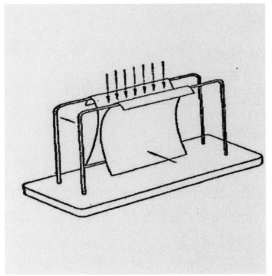

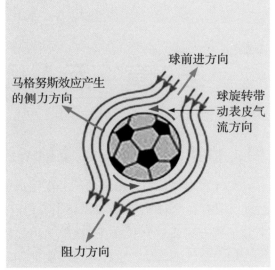

▲高速吹动两张纸之间的空气，中间的压力将低于1atm，两侧1atm空气此时将两片纸向中间挤压

▲足球中踢出的"香蕉球"也遵从伯努利原理：内侧球皮转动带动的红色气流将使一侧的蓝色气流加速，另一侧减速。球将向蓝色气流加速的方向（也就是压力小的方向）弧线移动

3.2　一刀砍下去——飞机的翼型

如果用一把刀把固定翼飞机的主翼、直升机的旋翼、多旋翼飞行器的螺旋桨切开，都会是一个背部拱起、底部平坦的形状，这种形状就叫翼型。当翼型与空气有相对运动时，拱起的翼型背部将会挤压空气流动，这时背部空气相当于从粗水管流进细水管，细水管处的流速将变快，压力将变小，所以翼型上表面的压力将低于下表面的压力，机翼其实是被上、下表面空气压力差托起来的，"升力"就这样产生了。

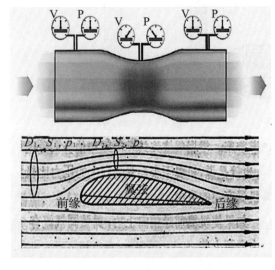

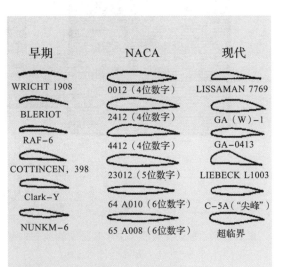

▲翼型上表面由粗变细的流管

▲各种经典翼型

— 14 —

3.3　升力公式——本书需要记住的唯一公式

升力公式在流体力学中的"地位"相当于牛顿第一、二、三定律在物理学中的"地位"。升力公式从理论上定量地解释了飞机为什么能飞起来。简单来说就是，谁的机翼迎角大，谁升力大；谁的机翼弯度大，谁升力大；谁飞得快或者谁旋翼转得快，谁升力大；谁的翼面大，谁升力大。

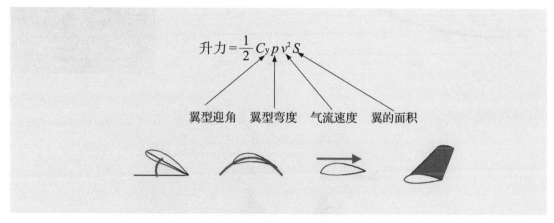

$$升力 = \frac{1}{2}C_y p v^2 S$$

翼型迎角　翼型弯度　气流速度　翼的面积

▲公式牢记在心中

3.4　影响升力的因素——翘一点还是弯一点

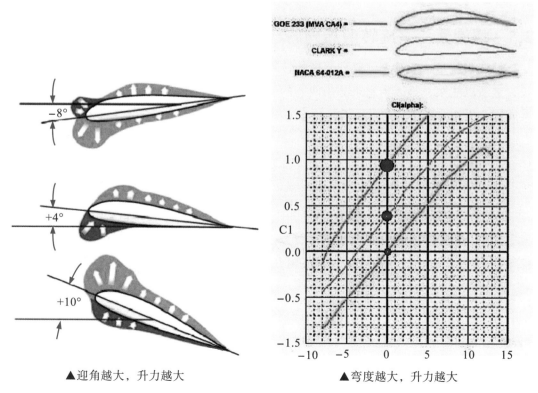

▲迎角越大，升力越大　　　　▲弯度越大，升力越大

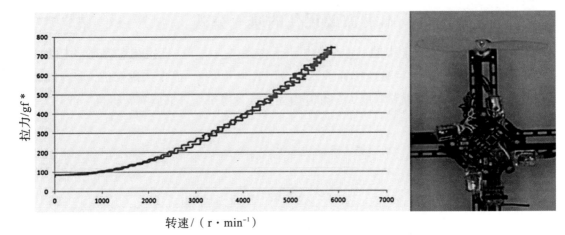

▲速度越大，升力越大翼面面积越大，升力越大

▲翼面面积越大，升力越大

3.5　螺旋桨——旋转的鸟翅膀

螺旋桨就是一个符合伯努利原理的转着的翼型。现代螺旋桨（propeller）的故事很长，之所以叫桨，是因为它来源于西方的航海。如果当年是中国人发明了飞机，那螺旋桨或许会沿用它两千年来的名称——竹蜻蜓！

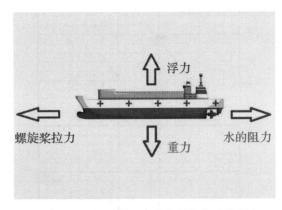

▲螺旋桨最早安在船上克服船舶航行时的阻力

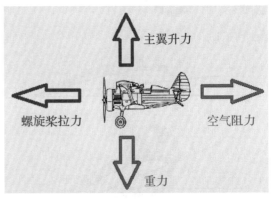

▲后来安在老式飞机上克服飞行时的阻力

---

* ：1N = 102gf。

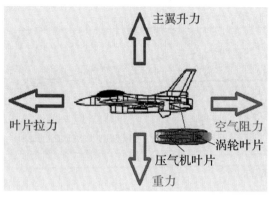

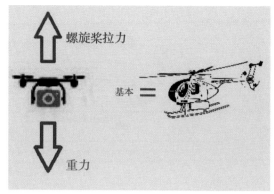

▲再后来包在壳子里用来克服喷气机飞行时的阻力
（这时螺旋桨被叫作压气机叶片和涡轮叶片）

▲到如今螺旋桨被直接安在多轴上直接克服重力，
它终于实现了质的飞跃，变成了旋翼

 台风来了，是关窗，还是开窗？

能实技1践 观察提供的教具机翼，回答其翼型（对称、平凸、双凸、凹凸、S 翼型），并指出前缘的位置

（随机提供旋翼或桨；随机指定后缘、前缘半径，弦长，相对厚度、相对弯度。）

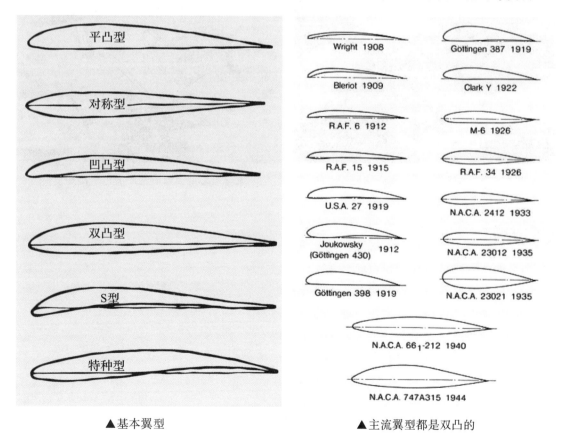

▲基本翼型　　　　　　　　　　　▲主流翼型都是双凸的

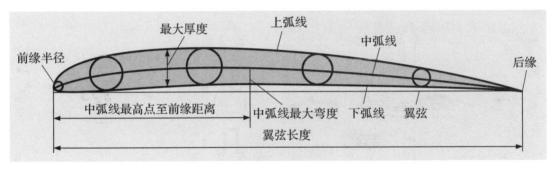

▲翼型各部分名称

技 2 践 能 实 现场进行多旋翼教具无人机两个螺旋桨的更换

▲折叠桨一般使用连接器安装

▲普通桨使用桨帽安装

▲很多消费类多旋翼的自紧螺旋桨可直接安装

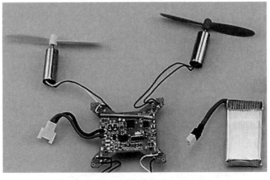

▲微型多旋翼螺旋桨一般也直接安装

习题

1. 分子在什么温度下才会绝对静止?
2. 漩涡中的压力比周围的压力大还是小?
3. 简述足球运动中踢出的"香蕉球"的原理。
4. 翼型都是上表面凸、下表面平或者凹吗?
5. 两架飞机,机翼面积大的那架,升力一定大吗?
6. "桨"和"翼"在概念上有什么区别?
7. 什么是翼型的相对厚度?
8. S型翼型通常在什么飞机上使用?

第4章 多旋翼与传统直升机的异同

4.1 旋翼航空器——竹蜻蜓的子子孙孙

旋翼航空器（rotary wing aircraft）是一种密度大于空气的航空器，它在空中飞行的升力由旋转的机翼产生。

现代旋翼航空器中，旋翼自动迎风旋转，主轴不需要驱动的是自转旋翼机（这个数量很少）；主轴需要动力驱动的都可以划归为直升机。那么，多旋翼顾名思义就是有多个旋翼的直升机。

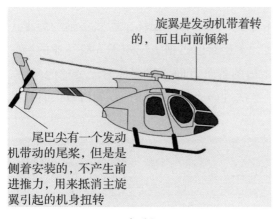

▲ 直升机

▲ 自转旋翼机

▲ 微型旋翼航空器

▲ 轻型旋翼航空器

▲小型旋翼航空器

▲大型旋翼航空器（想象）

4.2 多旋翼飞行器的概念——三个以上就叫多

多旋翼飞行器（multirotor）也称多轴飞行器，是一种具有三个及以上旋翼的特殊的直升机。它每个轴上的电动机转动，带动旋翼产生升推力。旋翼的总距固定，不像一般直升机那样可变。可以通过改变转速控制单个旋翼推进力的大小，进而控制飞行器的飞行轨迹。

这种飞行器多为中心对称或轴对称结构，多个螺旋桨沿机架的周向分布于边缘，结构简单，便于小型化、批量化生产。常见的有4旋翼、6旋翼、8旋翼飞行器。它们体积小、质量轻、携带方便，出现飞行事故时破坏力小，且不容易损坏，有些多轴的旋翼还带有外框，避免磕碰。通过近几年的快速发展，多旋翼已占据了民用无人机行业的半壁江山，从行业应用到个人娱乐，出现在社会生活的各个方面。只要你有充分的想象力，在这个技术飞速进步的时代里，它的能力会一次次冲破人们的认知，直到机器人时代的真正来临。

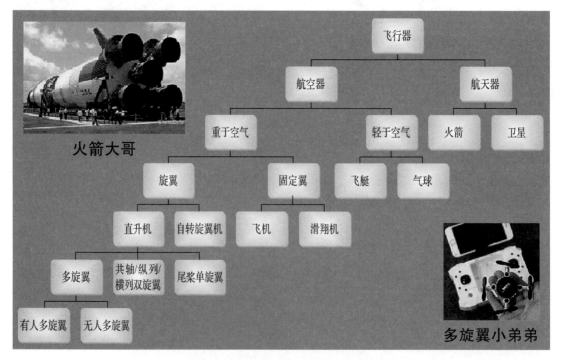

▲多旋翼在飞行器大家庭中的地位

4.3　无人旋翼飞行器的大小区别与执照要求——守法公民

按国家现行政策规定：

质量小于0.25 kg的无人机属于超微型无人机；（这个没有执照要求）

质量小于7 kg的无人机属于微型无人机；

质量小于25 kg的无人机属于超轻型无人机；

质量小于150 kg的无人机属于轻型无人机；

质量小于5.7 t的无人机属于小型无人机；

质量大于5.7 t的无人机属于大型无人机。

4.4　多旋翼与常规直升机的区别——少林与武当

根据升力公式，多旋翼飞来飞去，靠的是变化气流速度v；常规直升机飞来飞去，靠的是变化翼型迎角C_y。

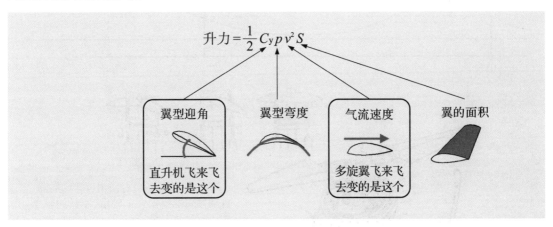

▲多旋翼与直升机飞行的理论区别

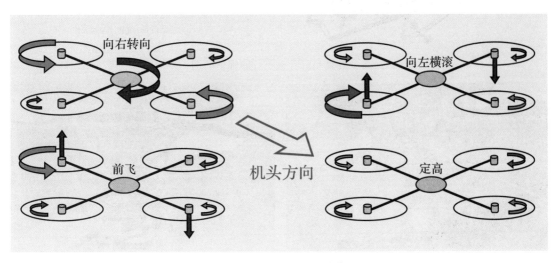

▲多旋翼飞行的基本动作

4.5 拼拼零件数量——常规直升机的复杂

直升机的单个旋翼位于机体正上方，由发动机驱动。要想前后左右飞，必须让这个大旋翼转到前、后、左、右时产生的升力不同。但转一圈的过程中，升力公式右侧的1/2、p、v、S 都是相同的，只有 C_y 可以变化。那么变化迎角和弯度都可以改变 C_y，但在旋转部件上，变化迎角还是容易一些。人们经过多年的探索，最终发明了自动倾斜器，这就是一个可以让迎角（螺距）周期性变化的装置。

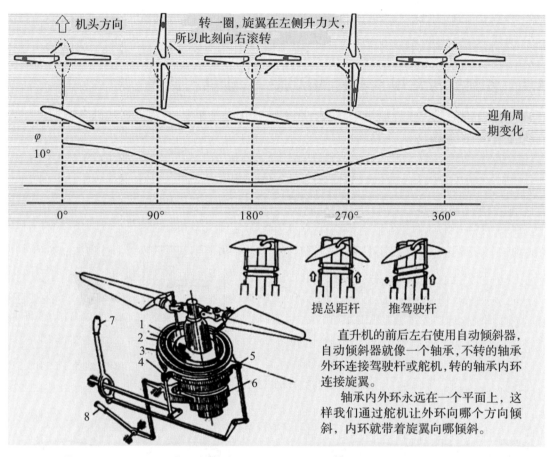

直升机的前后左右使用自动倾斜器，自动倾斜器就像一个轴承，不转的轴承外环连接驾驶杆或舵机，转的轴承内环连接旋翼。

轴承内外环永远在一个平面上，这样我们通过舵机让外环向哪个方向倾斜，内环就带着旋翼向哪倾斜。

▲多旋翼与直升机飞行的理论区别

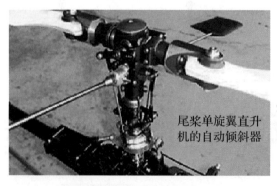

尾桨单旋翼直升机的自动倾斜器

▲单旋翼直升机的倾斜器

共轴直升机的自动倾斜器更加复杂

▲双旋翼直升机的倾斜器

直升机怎么向上飞？怎么原地转方向？

 现场完全拆卸下无人直升机教具的尾部

▲裸露尾管的直升机尾部拆卸相对简单

▲有些尾部有罩子，拆起来费事一些

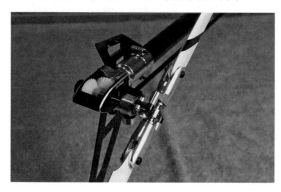

▲尾部拆卸一定要注意复杂的传动与操纵机构

▲有些共轴直升机基本就没有尾巴

能实 技 2 践 不通电状态下，找到现场提供的无人直升机教具两个以上机械问题

（平台本身有5处以上错误，包括主旋翼安装方向、尾桨安装方向、倾斜盘舵机摇臂安装方向、尾波箱安装方向、主旋翼大齿盘与电机齿配合等。）

旋翼旋转方向

机身反扭方向

尾桨向右产生拉力

▲不同直升机主旋翼有自己的旋转方向

▲尾桨也有自己的旋转方向

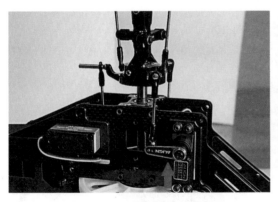
▲倾斜盘舵机摇臂安装方向要正确

▲尾波箱安装方向要正确

能实技 3 践 现场进行无人直升机教具单片主旋翼的更换

▲主旋翼头

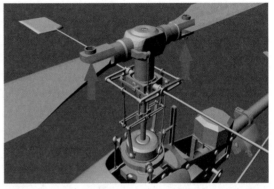
▲主要拆装这两个螺栓

习题

1. 多轴一般有几个旋翼？
2. "支奴干"是一种几旋翼直升机？
3. 一架 10 kg 起飞质量的多旋翼，按国家现行政策规定，它属于哪个级别的无人机？
4. 直升机飞行时一般转速不变，它靠什么来改变升力？
5. 直升机靠周期变矩来实现什么运动？
6. 直升机和多旋翼分别靠什么实现原地悬停转方向？
7. 直升机主桨一般是定速的，那么尾桨是否也是定速的？

第5章　无人机系统简介

5.1　有人航空系统与无人航空系统——父与子

无人机系统是有人航空系统的进化。随着科学技术的进步，飞行控制（简称"飞控"）导航系统逐渐替代了飞行员，才使机载无人飞行成为可能。由于无人，所以飞机可以做得更小、更猛或更无畏。但由于现阶段飞控导航系统还没有人"聪明"，所以如果没有人在地面遥控指挥，面对稍微复杂点的环境与情况，无人机将无所适从。

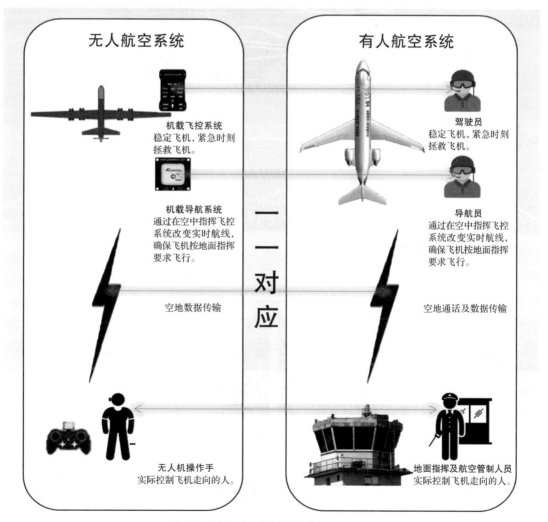

无人航空系统　　　　　　　　　　　　有人航空系统

机载飞控系统
稳定飞机，紧急时刻拯救飞机。

驾驶员
稳定飞机，紧急时刻拯救飞机。

机载导航系统
通过在空中指挥飞控系统改变实时航线，确保飞机按地面指挥要求飞行。

导航员
通过在空中指挥飞控系统改变实时航线，确保飞机按地面指挥要求飞行。

一一对应

空地数据传输

空地通话及数据传输

无人机操作手
实际控制飞机走向的人。

地面指挥及航空管制人员
实际控制飞机走向的人。

▲"儿子"（左）与"父亲"（右）

25

5.2　有人机对飞行员的要求——身体好、脑子好

有人机飞行员是要上飞机被折腾的，因此身体素质要好！

有人机飞行员是要目视观察外界的，因此眼睛要好！

有人机飞行员是要实时通过杆舵稳定与操纵飞机的，因此空间感觉和操作手感要好！

有人机飞行员是要处理危机情况和战斗的，因此心理素质要好！

▲激烈的空战

5.3　无人机对操作人员的要求——脑子好就行

无人机多数时候是自动驾驶仪在飞，而操作手是要指挥与把控全局的，因此系统知识要丰富，操作手兼有飞行指挥与导航员的职能！

大型无人机的操作手多数时刻是在电脑界面前规划与修改航线，及观察飞机各种指标的，因此要心细、反应果断！

小型无人机的操作手在特定情况下，也需要通过杆舵稳定与操纵飞机，因此空间感觉和操作手感也要好！

▲大型无人机操作

▲ 小型无人机操作

5.4　无人机的分系统——机、站、链、任

麻雀虽小，五脏俱全。我们手头的多旋翼再小，那也是1个大系统。

这个大系统又被分为机、站、链、任4个分系统（有些无人机没有任务分系统），每个分系统下又有子系统。

子系统的划分根据无人机类型、大小的不同并没有严格的限制。

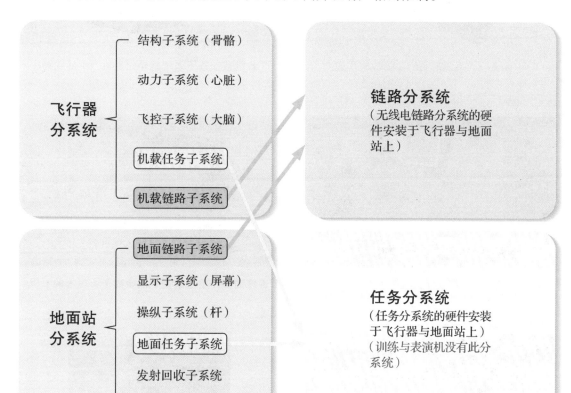

飞行器分系统
- 结构子系统（骨骼）
- 动力子系统（心脏）
- 飞控子系统（大脑）
- 机载任务子系统
- 机载链路子系统

地面站分系统
- 地面链路子系统
- 显示子系统（屏幕）
- 操纵子系统（杆）
- 地面任务子系统
- 发射回收子系统
- 运输携行子系统

链路分系统
（无线电链路分系统的硬件安装于飞行器与地面站上）

任务分系统
（任务分系统的硬件安装于飞行器与地面站上）
（训练与表演机没有此分系统）

▲无人机的"3+1"分系统

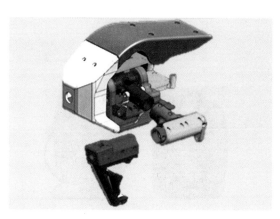

▲结构子系统是骨骼与皮肤

▲动力子系统是心脏、血管与提供能量的脂肪

▲飞控子系统是大脑、眼睛与耳朵

▲机载任务子系统就是无人机手中的武器

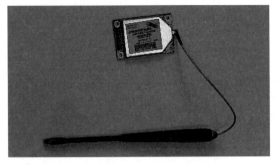

▲机载链路子系统是无人机手里拿的手机

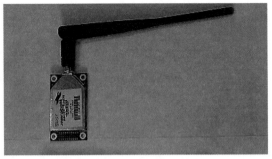

▲地面链路子系统是地面指挥员手里拿的手机

▲显示子系统显示无线电传下来的无人机的飞行数据

▲操纵子系统是地面的指挥员给无人机下命令的手段

▲地面任务子系统用来监视任务设备的效果

▲运输携行子系统有大有小

▲发射回收子系统多数用于固定翼

 堂讨课论 固定翼无人机和巡航导弹有什么区别？一套无人机系统有多贵？

能实技践 进行某多旋翼无人机的飞控、遥控接收机、数传电台、电调信号线的连接操作

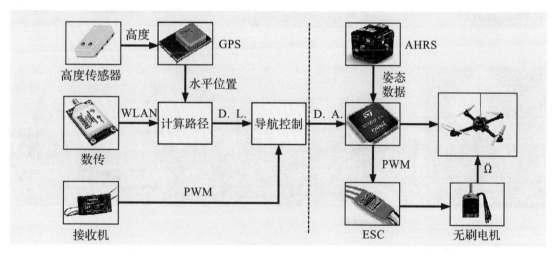

▲机载设备原理

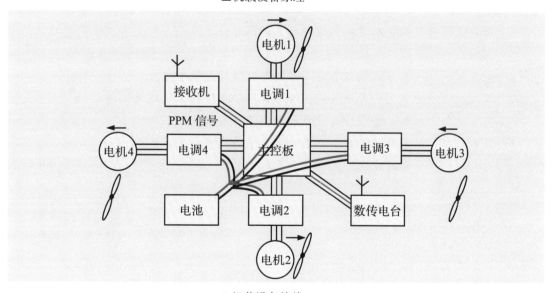

▲机载设备接线

<h2>能实技 2 践 在一组通信天线中识别出指定天线</h2>

（随机指定鞭状天线、蘑菇头天线、四叶草天线、平板天线、螺旋天线、八木天线、抛物面天线和跟踪天线等。）

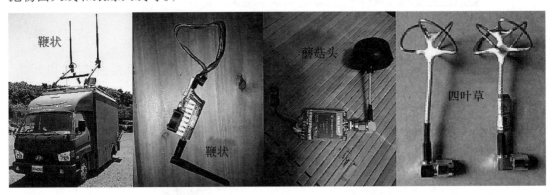

▲各种全向天线

▲各种定向天线

习题

1. 历史上，是有人机先实现实用型的自动驾驶，还是无人机先实现实用型的自动驾驶？
2. 无人机机载飞控系统相当于有人机的驾驶员还是领航员？
3. 有人机通过语音实现天地通信，那么无人机通过什么实现天地通信？
4. 有人机与无人机，哪个对驾驶员的身体条件要求高？
5. 无人机机、站、链、任四个分系统下，又各有哪些子系统？
6. 无人机的"骨骼与皮肤"是哪个子系统？

第6章 固定翼无人机总体设计

6.1 固定翼总体设计——画出第一张图

第一步：根据这架飞机用途确定构型（固定翼还是旋翼机）与布局（常规、无尾还是鸭式）；

第二步：初步定一下飞机主要参数（起飞质量、翼载荷、翼展、功重比）；

第三步：确定各种设备在飞机上的位置；

第四步：画一张草图；

第五步：估计一下性能（航时，最大、最小速度）。

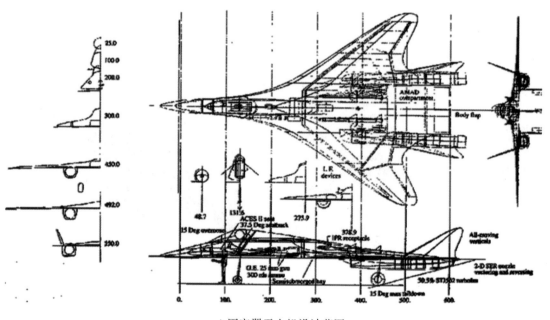

▲固定翼无人机设计草图

6.2 质量设计——为了每一克而奋斗

一架飞机的质量其实也是设计出来的。飞机都是要装东西的，战斗机要装雷达导弹，轰炸机要装炸弹，客机装人，无人机装云台。这些装的东西都可以理解为任务设备。

根据这架飞机的任务，我们就能估计出装载东西的质量。比如要设计一架对地拍摄的固定翼无人机，这就需要一个0.5 kg的小云台，即0.5 kg的任务质量。

飞机的任务质量和总质量一般为 1：4 的比例，那我们就计算出这架固定翼总质量为 0.5×4=2 kg。

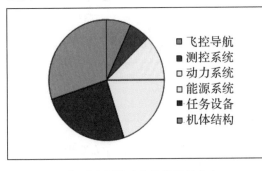

▲小型固定翼无人机的质量分布

▲为什么我国的运-20起飞质量为200 t，因为各国要求本国大运输机必须能运本国1辆主战坦克，我国主战坦克质量为50 t左右

6.3 翼载荷——大翅膀与小翅膀

飞机的大小主要由翅膀大小来决定。比如都是10 t的飞机，可以安个大翅膀，也可以安个小翅膀。大翅膀飞的时间长，但飞行速度慢；小翅膀飞得快，但航时必然会短。那么翅膀选大选小，主要由飞机用途决定。因此在设计飞机时要根据翼载荷（每平方米翅膀承受的质量）选一个适合本架飞机的翅膀。

翼展：7 m
航时：3 h
速度：2465 km/h

▲F-104战斗机（起飞质量10 t，大翼载荷）

翼展：31 m
航时：15 h
速度：800 km/h

▲U-2侦察机（起飞质量10 t，小翼载荷）

6.4 功率质量比——鸡为什么飞不起来？

要想飞起螺旋桨式固定翼无人机，1匹马力（735 W）一般能够带起3 kg质量。

要想飞起喷气式载人固定翼飞机，1 t推力一般能够带起4 t质量。

设计飞机时，用对比关系，根据质量就能算出发动机大小。

客机和货机在天上飞，用功率刚刚好的发动机就行，还省油。但战斗机和特技飞机还要上下翻滚甚至垂直爬升，因此得要更劲爆的发动机，现代战斗机推比都在1以上，也就是推力超过重力。

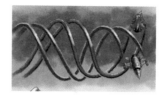

▲歼-5吊打F-4"鬼怪"　　▲歼-10C吊打F-16"战隼"　　▲歼-20B吊打F-22"猛禽"

 火箭推重比为多少？直升机推重比为多少？

现场判断提供的图纸是哪种规格,并按要求回答其中某个特征的数值

（A4竖，A3横，A0横；图纸带有长度、角度、直径、半径等标注）

国标纸度分为A、B、C三个系列，我们常用A系列。

A0纸的面积正好为$1\,m^2$，长度是宽度的倍，所以大小为$1\,189\,mm \times 841\,mm$。

A1的大小是A0的一半，为$841\,mm \times 594\,mm$。

A2、A3…A10以此类推。

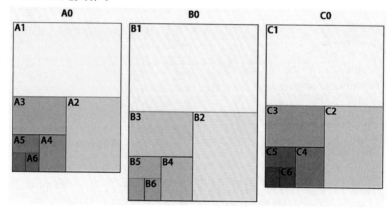

▲图纸的大小

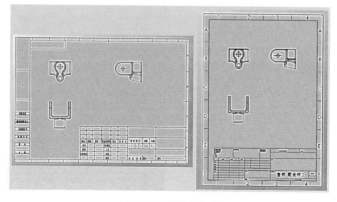

▲图纸的横版与竖版

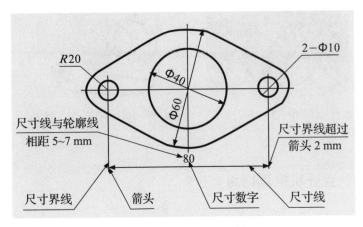

▲尺寸的组成与标注示例

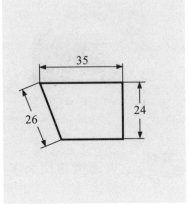

▲长度标注

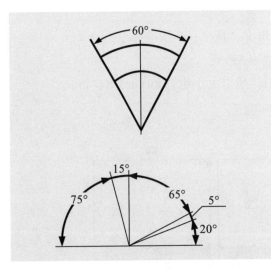

▲角度标注

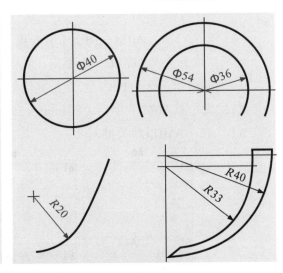

▲直径、半径标注

能实技2践 使用量具实际测量固定翼无人机教具翼展、机长、重心、质量、主起落架钢丝粗细等数据，并判断其是否与图纸一致

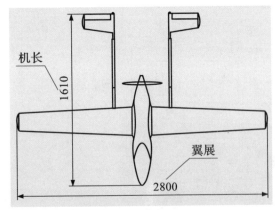

▲固定翼无人机翼展与机长

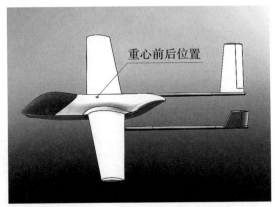

▲平直翼重心一般位于主翼前1/4位置

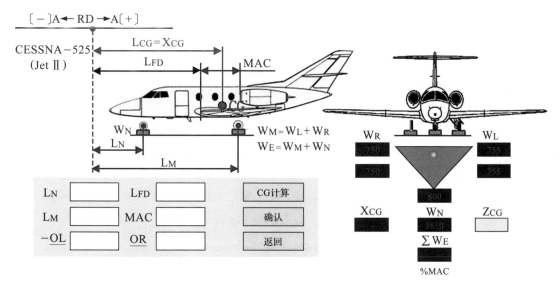

▲ 大型飞机测质量、重心需要地称，小型飞机则可以直接拎起来

✎ 习题

1. 设计固定翼无人机时，需要初步确定的主要参数有哪些？

2. 固定翼的最大、最小速度是什么意思？

3. 小型固定翼无人机的任务载重一般能达到总质量的百分之几？

4. 同样起飞质量的固定翼，一般翅膀大的飞得快还是翅膀小的飞得快？

5. 10 kg级固定翼无人机，发动机一般要达到几匹马力？

6. 一般，直升机的功重比大还是固定翼的功重比大？

第7章 多旋翼无人机总体设计

7.1 多旋翼总体设计——五步走

多旋翼比固定翼设计简单一些，但也需要以下几个步骤：

第一步：根据这架多旋翼的任务需求确定载荷质量及航时需求；

第二步：进一步选定布局与具体外形；

第三步：确定总质量及进行质量分配；

第四步：选定电机及螺旋桨，并进行动力系统迭代设计；

第五步：设计准确外形及安排各种设备在多旋翼上的位置，画详细加工图。

7.2 根据用途选定载荷——行行都有门道

航拍需要云台、测绘需要相机、植保需要药箱喷头、快递需要运输箱……

▲空中喊话系统

▲常规简易可见光云台

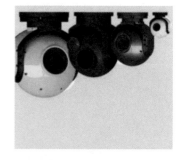

▲常规一体化可见光云台

▲空中照明系统

▲三维激光雷达

▲五镜头倾斜相机

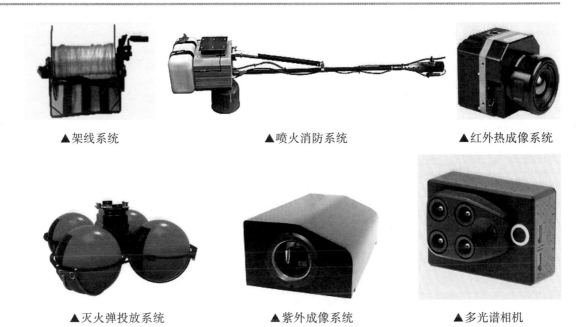

▲架线系统　　　　　　▲喷火消防系统　　　　　　▲红外热成像系统

▲灭火弹投放系统　　　　▲紫外成像系统　　　　　▲多光谱相机

7.3　根据载荷选定外形布局——实用主义

每种任务载荷都有自己的使用方式，因此多旋翼的设计一定要迁就实际作业的使用方式。

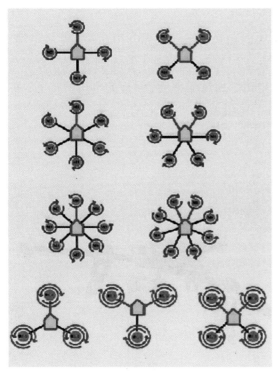

▲多旋翼无人机桨的数量与布局

▲很多航拍多旋翼无人机为了保证下半球视野开阔，需设计可收放脚架

▲穿越机是为竞速而生的，载荷就是旋翼机本身，因此要设计得结构紧凑、有头有尾，前飞阻力小

7.4　确定整机质量——这得靠经验

选定了载荷与外形布局，知道了载荷质量$m_{任务}$，再根据想飞的时间t，通过经验公式，就能计算出这架多旋翼的质量$m_总$。

$$m_总 = \frac{m_{任务} + 0.3}{0.6 - 0.694\,t}$$

例如，想要做一款搭载佳能5D相机及3轴稳定云台的，飞行时间为半小时的多旋翼无人机，看看我们需要一个多大的家伙。

相机云台总共2kg，所以$m_{任务}=2\,\text{kg}$；航时$t=0.5\,\text{h}$，代入上式得

$$m_总 = \frac{2 + 0.3}{0.6 - 0.694 \times 0.5} = \frac{2.3}{0.253} = 9.09\,\text{kg}$$

7.5　根据总重选定电机——8 g/W

多旋翼无人机的大发展与外转子无刷电机在中国的技术进步是分不开的，按现有水平，各大电机厂商都给出了不同型号电机在搭配理想螺旋桨后的效率表。大多数小型多旋翼的电机在3~5A的电流下效率是最高的。经测试数据的整理，一般作业飞行的多旋翼在巡航中重量功率比基本保持在8g/W以上。

多旋翼无人机悬停中拉力等于重力，8g/W的经验数据已包含电调、螺旋桨、电缆、接头，以及多旋翼姿态变换下拉力分量等衰减因素。按照7.4中的例子，则功率为9 090/8=1 136 W。如果选择4旋翼构型，4个电机，那选功率为284W的电机就行了；如果选择8旋翼构型，8个电机，选功率为142W的电机就行。

7.6　出详图——可以开始动手啦

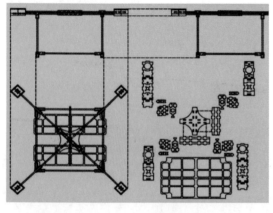

▲可用AutoCAD、CAXA等软件二维设计　　▲也可以用CATiA、SolidWorks等软件三维设计

▲可以设计得很大很大　　　　　　　▲可以设计得很小很小

 最早的载人直升机啥样子？

使用量具实际测量多旋翼无人机教具轴距、机高、质量、机臂管材厚度等数据，并判断其是否与图纸一致

　　多旋翼一般不像固定翼一样靠翼展、机长来衡量其大小。业内习惯于用轴距来区分多旋翼大小。

　　在测量轴距之前我们先了解一个概念——桨径与轴距比。

　　四旋翼：最小轴距与螺旋桨直径比例为1.414，略大于1.4。轴距与桨径组成一个等腰直角三角形，斜边为轴距，直角边为桨径，比例为$\arcsin 45° = 1.414$。

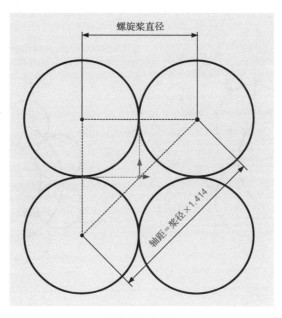

▲4旋翼桨径与轴距比

六旋翼：最小轴距与螺旋桨直径比例为2。半个轴距与桨径组成一个等边三角形，因此它们长度相等，所以整个轴距等于桨径的一半。

八旋翼：最小轴距与螺旋桨直径比例为2.613，略大于2.6。半个轴距与半个桨径组成一个内角为22.5°的直角三角形，斜边为半轴距，直角边为半桨径，比例为arcsin 22.5°=2.613。

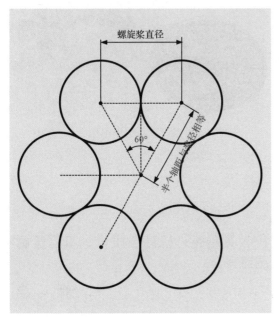

▲6旋翼桨径与轴距比   ▲8旋翼桨径与轴距比

好啦，了解完多旋翼的桨径与轴距比，下面就开始相关数据的测量吧！

测量轴距一般用卷尺就可以。测量机臂壁厚等精细尺寸，则需学会使用游标卡尺。

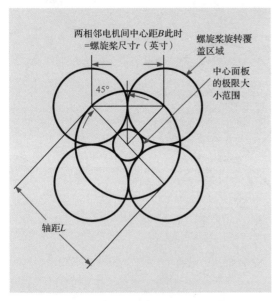

▲4旋翼的轴距

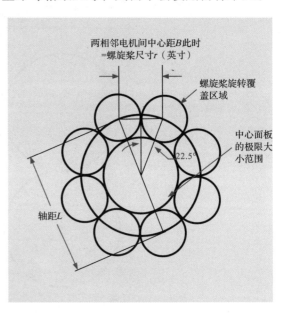

▲8旋翼的轴距

▲测量轴距等大尺寸使用卷尺

▲多旋翼称质量用家用电子秤就行

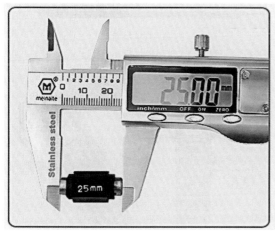

▲测量外径尺寸，应将两外测量爪与被测表面
　相贴合

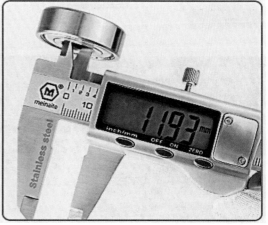

▲测量内径尺寸，量爪应在孔的直径向上测量，
　不能歪斜

▲测量深度尺寸，应使深度尺杆与被测工件底
　面相垂直

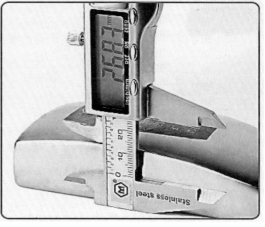

▲测量台阶距离尺寸，将台阶尺底部测量爪与
　测量物体底端平行，顶测量爪紧贴物体顶端
　保持平行，不可歪斜

能实技2践 使用万用表测量某电动动力系统运转时动力电池电压，使用钳形表测量某电动动力系统运转时的电流

▲万用表挡位

▲万用表插口

▲万用表测负载直流电压

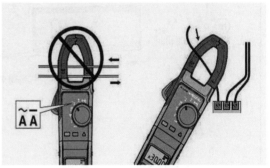

▲ 钳形表测负载电流

✏️ 习题

1. 设计多旋翼无人机时，多旋翼的起飞质量主要靠什么因素决定？

2. 无人机测绘时安装的载荷一般是照相机还是摄像机？

3. 设计多旋翼无人机时，外形布局主要依据什么因素选定？

4. 10 kg级多旋翼无人机，任务载荷一般能达到多少？

5. 一般作业飞行的多旋翼无人机在巡航中重量功率比为多少？

6. SolidWorks和AutoCAD是二维还是三维设计软件？

7. 固定翼无人机一般会以翼展来衡量大小，那么多旋翼无人机一般以什么来衡量大小？

8. 万用表和钳形表哪个更适用于测量大电流？

第8章 固定翼无人机结构

8.1 固定翼结构特点——都是"纸老虎"

拿我们身边物品的例子来说，飞机最像灯笼，里面是维持外形和安装设备的骨架，外面是一层薄薄的壳，因此飞机个头虽然很大，但比坦克、轮船的密度小得多。

▲二战后期日本海军从事疯狂自杀
攻击的九九式舰载俯冲轰炸机

▲九九式自杀飞机撞击美军军舰后
留下的印子

8.2 固定翼结构四大零件——框、梁、肋、皮

直到今天，大多数固定翼飞机基本还是由四大类零件——框、梁、肋、蒙皮组成的。

早期飞机的框、梁、肋都是木质的，加上少量钢管、钢丝加强，蒙皮基本都是帆布的。从二战开始，制作框、梁、肋、蒙皮的材料逐渐都变成了铝。

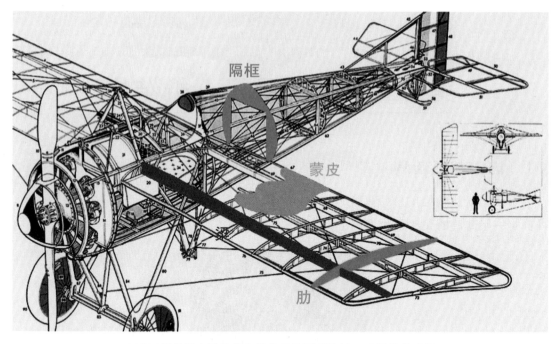

隔框

蒙皮

肋

▲1914年使用木质和帆布结构的法国莫拉纳·索尼埃战斗机

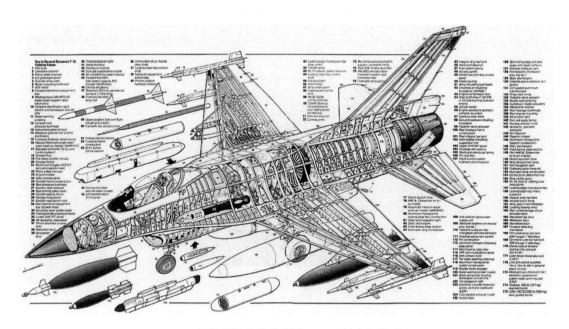

▲1974年使用铝结构的美国F-16"战隼"战斗机

8.3 飞行器结构工艺的发展——塑料与复合材料

随着科学技术的发展,如今无人机结构的材料选用与加工工艺已经非常先进与自由。

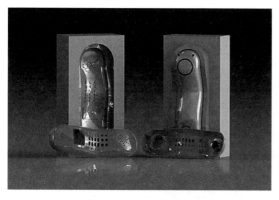
▲可以像手机壳一样在模具里用塑料注塑出来

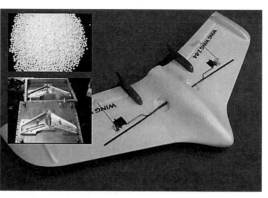
▲可以在模具里用塑料泡沫豆发泡出来

▲可在模具里用一层层玻璃或碳纤维糊出来

▲可以直接3D打印出来

8.4　飞机上设备布置——内脏在哪里

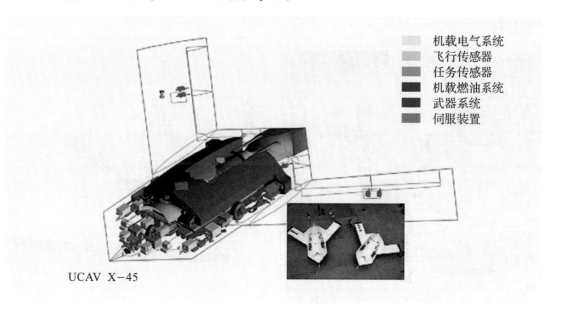

机载电气系统
飞行传感器
任务传感器
机载燃油系统
武器系统
伺服装置

UCAV X-45

▲波音X-45大型隐身无人机的设备布置图

波音X-45大型隐身无人机的设备布置要求：

（1）油箱要布置在重心上，电池安装位置要相对固定。

（2）无线电设备要避免遮挡，并避免产生干扰。

（3）机上电缆要排列整齐，尽量越短越好。

（4）云台等任务设备要避免视野干扰，并且在常规起降或伞降时防止损坏。

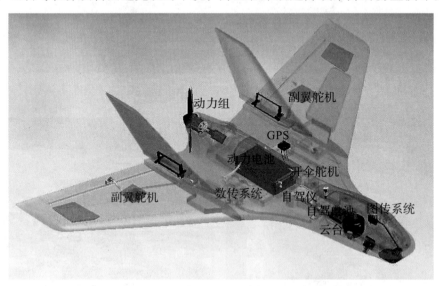

▲毒蜂-2手抛无人机的设备布置图

 鸟类、蝙蝠的翅膀（机翼）结构有什么区别？

 使用手电钻按照记号笔位置在机体结构铝板上打孔

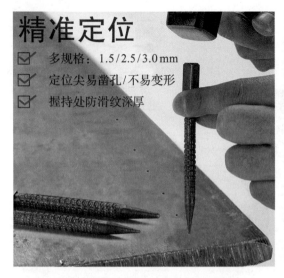

▲首先需要用錾子在画线处打出定位孔

▲接着选择合适尺寸的钻头

▲使用钥匙安装并锁紧钻头

▲双手把稳，垂直钻孔

能实
技 2 践　**在现场提供的材料块、片中识别出EPO**

（随机指定EPP、玻璃纤维、碳纤维、PU、尼龙、ABS、KT板、轻木、不锈钢、铝合金等。）

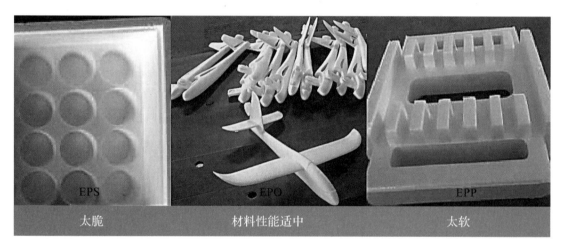

EPS	EPO	EPP
太脆	材料性能适中	太软

▲发泡塑料中EPO最适合做小飞机

玻璃纤维	碳纤维	芳纶（凯夫拉）
便宜	性能好　导电　贵	性能好　不导电　贵

▲复合材料中碳纤维增强塑料最适合制造无人机

能实技 3 践 判断所提供的零件为 3D打印件还是CNC加工件，并指出设计时工程师会使用哪种格式将机械设计模型输出给加工厂

当今的飞行器零件设计手段已进入三维时代。如果采用传统去料加工，设计师一般会把三维模型转换成igs或step格式发给加工厂；如果采用新兴的增材制造，设计师则会把三维模型转换成stl格式直接输入3D打印机。

▲CNC就是数控机床，传统的去料加工

▲CNC适合加工无人机上各种金属、非金属受力

▲3D打印是新兴的增加材料的加工方式

▲3D打印件放大后会看到吐丝吐出的分层

✏️ 习题

1. 飞机和轮船相比，谁的密度更小？
2. 固定翼结构四大零件——框、梁、肋、皮中，用来保证翼型的是哪一个？
3. EPS、EPO、EPP中的E是什么意思？
4. 复合材料的机翼一般依托阴模还是阳模制造？
5. 油箱与电池，哪个必须安装在飞机重心附近？
6. 钻头与铣刀的区别是什么？
7. 玻璃纤维、碳纤维、凯夫拉中，导电的是哪一个？
8. 3D打印机打印时一般使用stl格式文件还是igs格式文件？

第9章 多旋翼无人机结构

9.1 多旋翼无人机的结构——空中的节肢动物门

大型飞机都是内部有骨架，外部有蒙皮的，这点更像脊椎动物。而多旋翼无人机个头都很小，都是外骨骼的。多旋翼无人机的机体结构是其他所有机载设备、模块的载体。除了机架之外，主要包括支臂、脚架和云台。

▲外骨骼的蜘蛛

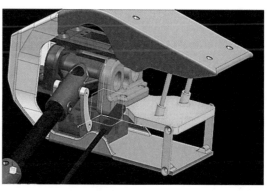

▲机架的主要功用是装载各类设备和动力电池，同时它是其他结构部件的安装基础，用于将支臂、脚架、云台等连接成一个整体

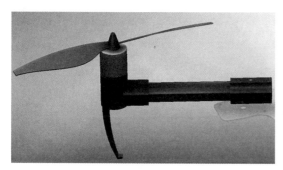

▲支臂是机架结构的延伸，用于扩充轴距，安装动力电机，有些多旋翼无人机的脚架也安装在支臂上

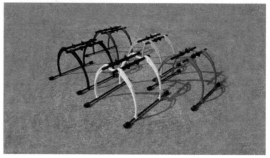

▲脚架是用来支撑停放、起飞、着陆的部件，还兼具保护下方任务设备的功能。多旋翼无人机的脚架非常类似于直升机的滑橇式起落架

9.2 小号多旋翼无人机平台结构的生产加工——昆虫纲

消费类多旋翼无人机尺寸较小、需要大批量生产且材料成本也得有效控制，因此多采用塑胶模具注塑成型。这种加工方法和我们平常使用的手机外壳加工方式相同。只是

作为飞行器，又有气动要求，又要美观，又得有必要的强度和刚度，又要顾及散热和布线，很难一次设计完美。因此在真正批产开模具前，会使用CNC或3D打印方式制造数架手板样机以供测试和设计调整。我们熟悉的"精灵"无人机就是这样生产的。

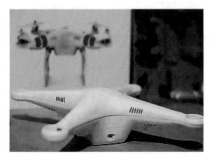
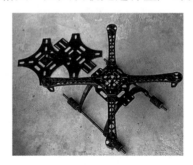

▲塑胶模具注塑生产的结构　　　▲注塑出的主体再辅以板材加强的结构

9.3　中号多旋翼无人机平台结构的生产加工——蛛形纲

尺寸适中的行业级多旋翼无人机，还有多数穿越机，使用碳纤板材、管材经雕刻和切割，再组装而成。一般使用二维或三维机械设计软件设计，使用CNC铣出机架及云台的板材，再切割出支臂需要的管材，最后用螺栓连接的方式组合在一起。这种生产工艺在全重2~25 kg之间的多旋翼无人机上使用得非常多。使用现成的板材与管材加工，不仅可以利用好材料的性能，又能节省模具与人工成本，尽管成型的产品方的方、圆的圆，但也颇有一种"暴力"科技的美。起码人们看见这样的飞行器会认为是无人机，而看见注塑生产的"精灵"总会以为是玩具。

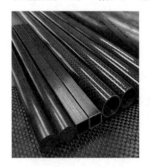

▲选用现有的碳纤维管材　　▲根据图纸进行CNC雕刻加工　　▲使用标准件组装空间结构
　与板材

9.4　大号多旋翼无人机平台结构的生产加工——甲壳纲

大尺寸的多旋翼无人机飞行平台，例如专用植保机、军用靶标等，由于对气动和空机质量的要求，基本采用复合材料模具生产。数十年来的中小型军用固定翼无人机平台多采用此种工艺，可方便地加工出具有复杂曲面并且质量轻、刚度好的机体结构，只是其纤维材料随着时代在不断变化。对于大批量的生产，一般使用机床加工出金属阴模；

对于中小批量的生产，会先制作木制阳模，再手工翻制出玻璃钢阴模，之后在模具中进行铺层，根据技术要求选择何处使用碳纤维、玻璃纤维、纸蜂窝、聚氨酯泡沫夹层等用料，然后固化出模，最后就可以进行设备装机了。

▲大尺寸多旋翼的复合材料阴模　　▲复合材料阴膜生产出的机架

9.5　飞得最快的昆虫纲生物——穿越机

　　穿越机是爱好刺激的朋友们的最爱，一般搭配视频眼镜使用，进行高速第一视角的飞行，颇有驾驶宇宙赛车的感觉。因为它追求速度，所以尽管动力强劲，但身形却很小巧；一般设计成有头有尾的形状，这样前飞时阻力小，并有一定的航向稳定性；为了进一步减小阻力，多数不安装专门的脚架；因为是FPV，所以会安装前视云台或摄像头，追求前半球视野的最大化。穿越形式的多旋翼使用H形气动布局的最多，因为这种布局方便拥有长条形的机架，并且结构精简、皮实耐摔，需要的话，还可以设计得方便折叠。

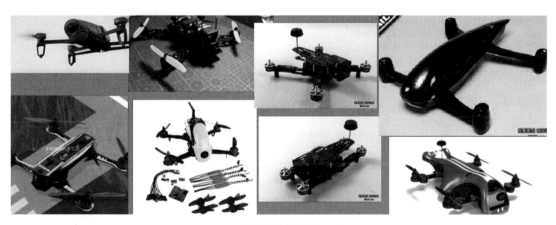

▲追求速度的机器昆虫们

 课堂讨论　昆虫飞得快还是穿越机飞得快？

能实 技 1 践 使用手锯按照画线范围切割多旋翼无人机机臂铝管为 3 段

▲使用台钳夹持工件

▲选择与更换合适的锯条

▲使用手锯时，锯条尽量与工件垂直；来回在一条直线上锯；工件快被锯断时，放慢速度，减小用力

能实 技 2 践 在提供的一组零件中，指出某一个零件的机械加工方式，并说明该方式主要应用在无人机何种零部件加工中

（随机指定车、铣、CNC、激光树脂式3D打印、熔融式3D打印、钣金、注塑、吸塑、缠绕、预浸布阴模铺层等。）

▲旋成体车出来

▲方正零件铣出来

▲复杂受力件得CNC

▲受力不大的复杂件可3D打印

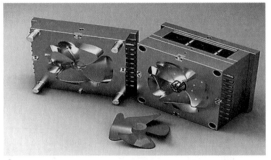

▲消费类无人机多数零件是注塑出来的

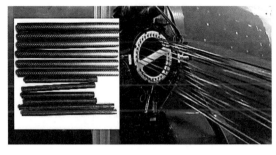

▲高品质的碳纤维管材使用编织缠绕工艺

▲先进飞机大量采用碳纤维预浸布铺层工艺

能实技3践 现场进行小型阴模中的复合材料铺层操作

▲准备模具

▲碳纤布铺层

▲抽真空

▲浸胶

▲静置固化

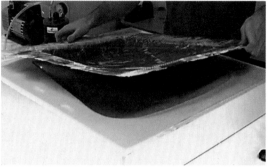

▲脱模

 习题

1. 多旋翼无人机的哪个部件是用来支撑、停放、起飞和着陆飞行器的?

2. "精灵"无人机的外壳是使用吹塑、吸塑还是注塑工艺生产的?

3. 使用碳纤板材加工无人机零件,一般使用CNC雕刻机还是激光切割机?

4. 穿越机的外形特点和一般多旋翼有什么不同?

5. 木工锯和钢锯相比,一般谁的"牙齿"更小?

6. 无人机复合材料加工过程中,是先脱模还是先铺层?

第10章 传统飞行器动力

10.1 活塞式发动机——烧汽油也烧柴油

十万年前我们使用人力（manpower），一万年前我们使用畜力（horsepower），250年前，我们终于迎来了工业革命，开始使用化学能。以蒸汽机、燃气机为代表的活塞式发动机终于把人类推上了发展的快车道。人类也终于在110年前，用20匹马力（hp）的汽油活塞发动机飞上了天空。

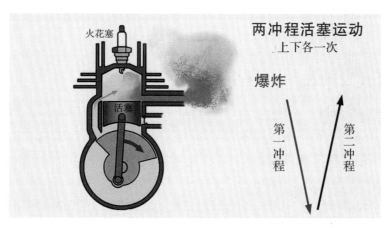

▲两冲程汽油活塞发动机特点：便宜、结构简单、费油、冒黑烟

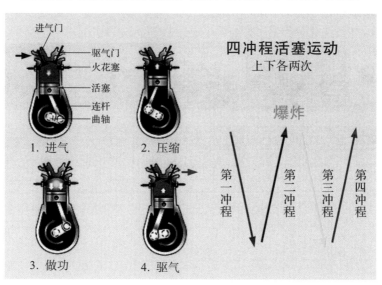

▲四冲程汽油活塞发动机特点：贵、结构复杂、省油、噪声小

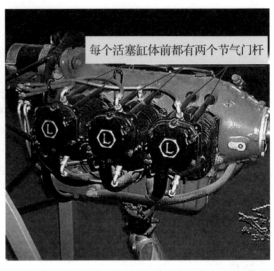

每个活塞缸体前都有两个节气门杆

▲两冲程活塞发动机外观判断：没有节气门　　▲四冲程活塞发动机外观判断：有节气门杆，其中
杆、偏小，箭头位置光光的，什么多余物　　大型四冲程都是多缸的
都没有

10.2　喷气式发动机——这个烧煤油

　　人类在飞行上总是追求更高、更快、更强。活塞发动机和螺旋桨这个组合的潜力终于在第二次世界大战后期让人们挖掘到了极限。为了寻找更强的动力，人们开始了各种大胆的创新，那时连核发动机都研究出来了。最终设计出了今天客机、战斗机广泛使用的喷气式发动机。

　　往复运动的活塞发动机一下一下地爆炸燃烧，转速低，而且结构复杂；直接转的喷气式发动机持续燃烧，转速高，而且结构简单。举个形象的例子：我们的腿是往复运动的，而且结构复杂；轮子是转动的，而且结构简单；腿可是跑不过轮子的。

活塞　三片　　　　活塞　五片　　　　活塞　十片　　　喷气　十六片　喷气　二十二片

▲航空动力的进化

10.3 喷气式发动机产生推力的原理——动量定理

根据中学物理动量定理

$$Ft = mv_2 - mv_1$$

$$F = \frac{m}{t}(v_2 - v_1)$$

式中，F 为发动机推力；$\frac{m}{t}$ 为每秒喷出燃气质量；v_2 为喷出燃气速度；v_1 为初始空气流速，以发动机为参考系，v_1 为 0。所以

$$F = \frac{m}{t}v_2$$

即发动机推力等于每秒喷气量与喷气速度的乘积。

10.4 喷气式发动机持续运转的原理——两组叶片一个轴

喷气式发动机是直接转不起来的，必须先用外部电动机带动到一定转速，再喷油点火，此时撤掉电机，尾喷口就开始喷高速燃气啦。

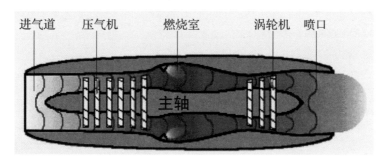

(1) 燃烧室空间有限，没有多少氧气，直接喷油是点不着的。

(2)这时要用外部电机带动主轴预先转动,压气机叶片此时将大量氧气从进气道吸入。

(3) 燃烧室喷油、持续点火、持续燃烧、向后部高速喷出燃气。

(4)向后喷的燃气冲击涡轮叶片,涡轮带动主轴高速旋转,此时撤掉电机,发动机持续运转。

(5) 结构简单吧，就是一个轴上的两堆螺旋桨，就这么高速转起来啦。

10.5 工业的皇冠——喷气核心机

生产一支钢笔很简单，生产喷气式发动机却很难，它被誉为现代工业的皇冠，目前只有五个国家——中、美、俄、法、英有能力生产喷气式发动机。

喷气式发动机不是只给飞机用，它是现代动力的核心机。

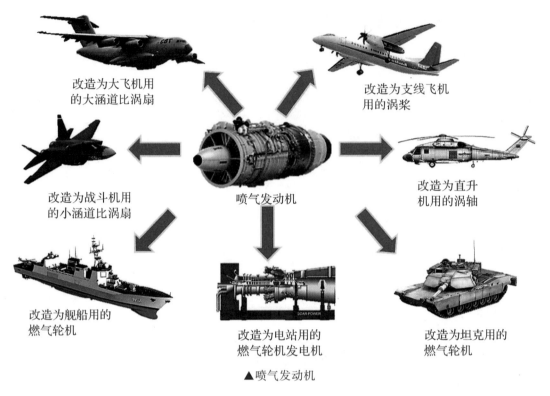

改造为大飞机用
的大涵道比涡扇

改造为支线飞机
用的涡桨

改造为战斗机用
的小涵道比涡扇

喷气发动机

改造为直升
机用的涡轴

改造为舰船用的
燃气轮机

改造为电站用的
燃气轮机发电机

改造为坦克用的
燃气轮机

▲喷气发动机

10.6 电动机——感谢法拉第

人类利用能源的历史,同样也是人类认识和征服自然的历史。其经历了以下五个阶段:

原始时代:火的发现和利用。

古典时代:畜力、风力、水力等自然动力的利用。

工业时代:化石燃料的开发利用。

信息时代:电力的开发及利用。

未来时代:原子核能的开发及利用。

我们正处于第四个阶段——开发与利用电力。目前,电力在航空领域的使用和发展才刚刚起步,电动无人飞行器逐渐普及,电动载人飞行器已初上蓝天。

10.7 电动航空动力四大组成部分——桨、机、调、池

▲桨(将机械能变为升力、推力)　　▲电机(将电能转变为机械能)

▲电子调速器（调节电能大小）

▲电池（储存电能）

 课堂讨论　**多旋翼和电磁炮有什么关系？**

技能实践　**现场进行固定翼无人机教具活塞发动机火花塞的更换**

▲准备发动机适用型号的新火花塞

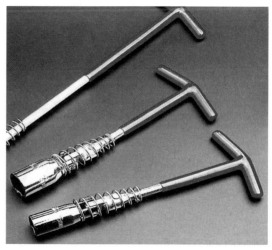
▲准备专用火花塞套筒扳手

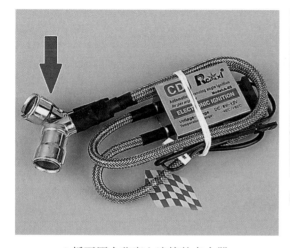
▲拆下原火花塞上连接的点火器

▲更换火花塞

能实技2践 在提供的工具中选取合适的，进行电机轴卡簧的拆卸

▲首先观察电机轴卡簧的类型

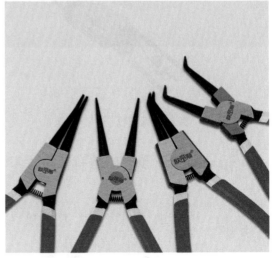

▲根据卡簧选择合适的卡簧钳

▲卡簧有内用的，还有外用的，电机轴一般是外用的

📝 习题

1. 同样功率的两冲程和四冲程发动机，哪个更省油？

2. 同样功率的两冲程和四冲程发动机，哪个更复杂？

3. 节气门杆是两冲程还是四冲程发动机的标志？

4. 喷气发动机和活塞发动机，哪个用煤油？

5. CDI点火器一般配合火花塞还是热火头使用？

6. 电机轴上一般使用外用卡簧还是内用卡簧？

7. 电动载人飞行器和油动载人飞行器，哪个是最先飞上蓝天的？

8. 喷气发动机中，流过压气机叶片和流过涡轮叶片，哪个是冷空气？

第11章 新兴电动动力

11.1 电动动力系统——时代脉搏

从畜力到活塞，从活塞到喷气，今天终于迎来了电动的大发展。电动在无人航空上已开始广泛应用，载人的电动飞机也如雨后春笋般出现。

电动飞机的动力系统主要由螺旋桨、电机、电调、电池四部分组成。这四种设备早年就有，但为什么当年没有电动飞机，今天却大发展了？是因为它们四个都获得了巨大的进步。

▲1834年托马斯·戴文波特制造的第一台电动汽车　　▲今天的载人电动飞机

11.2 "大兄弟"螺旋桨——模量的巨大进步

过去造不出今天这样又轻、又薄、又不变形的螺旋桨。

碳纤维模量为220GPa。（比钢还厉害）

最好的木头模量为12GPa。

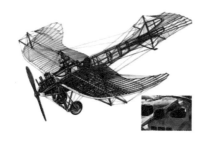 

▲一百年前，我们一直在用厚重的木制螺旋桨　　▲今天，我们制造出了很轻的巨型螺旋桨

11.3　"二兄弟"电动机——效率的巨大进步

电动机是把电能转变为动能的转化器。

早期电动机的转化效率仅为20%左右，今天已经超过90%。

飞行器上多使用永磁电机，哪个永磁体磁力大，哪个效率就高。最早的永磁体是磁铁，黑颜色的，主要成分是三氧化二铁，磁感应强度为0.4 T；今天用的是磁钢，颜色和铝差不多，成分是钕铁硼，磁感应强度为1.4 T。

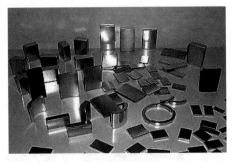 

▲钕铁硼 磁钢　　　　　　　　　▲铁氧体 磁铁

11.4　番外篇：稀土——工业的味精

一个普通铁片，加入一点点钕，就变成了磁性比普通磁铁高好几倍的磁钢。

一块普通玻璃，加入一点点镧，就变成了夜视仪的感光片。

稀土都能干啥？极低温条件下制冷；荧光节能灯制造；石油橡胶催化；PVC聚氯乙烯塑料抗老化；植物的紫外光合作用增产；玻璃、半导体化学抛光；吸热耐热涂层；新能源汽车储氢；做肥料添加剂颇有神效；做饲料添加剂据称效用非凡。这简直就是一种点石成金的土。

今天我国是世界稀土产业第一大国。但十年前我们的提炼技术有限，只能以一卡车800元的价格卖给日本；今天，我们以一勺800元的价格卖给全世界。

▲元素周期表中的稀土

11.5　番外篇:交流与直流——特斯拉与爱迪生的世纪之争

特斯拉是一个很伟大的人物,他是电气技术领域的"乔帮主"。通古斯大爆炸相传就是由他制造的。爱迪生说过:天才是1%的灵感加上99%的汗水,然而那1%的灵感才是最重要的。这1%说的就是特斯拉。

特斯拉年轻时在爱迪生的公司工作过。他进爱迪生的公司前,其前雇主给爱迪生的信中提到:"我知道有两个伟大的人,您是其中之一,另一个就是这个年轻人了。"

其实特斯拉就是一个灵感的天才,而爱迪生是一个努力的天才。特斯拉发明了交流电,解决了长途运输大量消耗电的问题。正是因为如此,爱迪生眼红了,如果交流电成功了,他的市场前景就不好了,因为爱迪生玩直流电,所以他用了很多办法让人们对交流电产生恐惧感。直到芝加哥世博会,特斯拉的交流电发挥了巨大的作用,从而战胜了直流电!

"实数集瞬间可数,圆周率倒背如流",这是人们对高斯的评价。他上知天文,下知地理,涉足科学各个领域,去世后还影响着数学的发展。给高斯一个支点,他可以移动整个宇宙。

国际单位中,**1特斯拉**=10 000**高斯**,所以大家应该知道特斯拉有多牛了吧。

▲灵性的特斯拉与老成的爱迪生

11.6　"三兄弟"电调——滑动变阻器到变频器的巨大进步

电动机在实际使用中是需要调速器的。调速器必然会有一定的能量损失,因此几百年来调速器也在不断进化。

初中物理课程学习的滑动变阻器就是一种最早期的纯机械调速器,效率不高,又不够安全。后来到了晶体管时代,人们使用晶闸管调速,性能提高了一点。当今人们使用变频器调速,看看你家的变频空调多省电啊,电动飞机上的电子调速器(简称"电调")就是一种特殊的变频器,它能够把电池2根线的直流电变成一定频率的交流电通到外传子无刷同步交流电机的3根线上,频率高,转速就高,频率低,转速就低。

▲滑动变阻器

▲晶闸管

▲电调

11.7 "四兄弟"电池——能量密度的巨大进步

同样质量的电池，谁的能量多，谁的能量密度就大。200年来，电动系统中进步最大的就是电池，人类正一步步向变形金钢的能量块挺进。

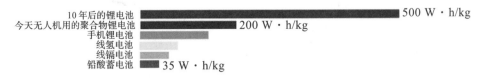

10年后的锂电池 　500 W·h/kg
今天无人机用的聚合物锂电池 　200 W·h/kg
手机锂电池
线氢电池
线镉电池
铅酸蓄电池 　35 W·h/kg

▲各种电池的能量密度

课堂讨论 生物身上的脂肪有多大能量密度？

实践技能 1 现场进行多旋翼无人机教具电机的更换

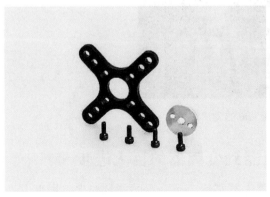

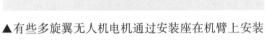
▲有些多旋翼无人机电机通过安装座在机臂上安装

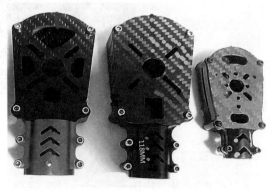
▲有些多旋翼无人机电机直接在机臂结构上安装

▲使用适合的工具进行电机更换

▲新装的电机安装螺钉必须点螺纹胶

能 实
技 2 践 现场进行多旋翼无人机动力电池的充放电操作

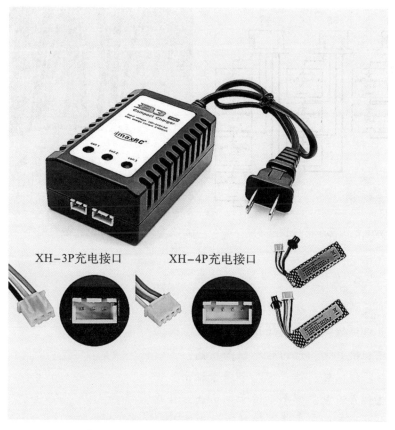

XH-3P充电接口　　　　XH-4P充电接口

▲简易式平衡充电器，这个只能充电，不能放电

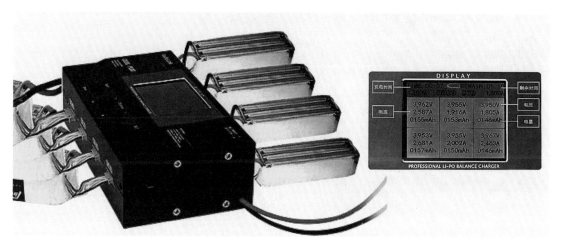

▲功能齐全的平衡式充电器

能实技3践 现场使用三用表进行某块动力电池各单体电压测量

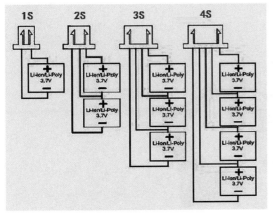

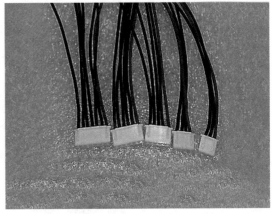

▲动力电池内部单体接线器

▲依次测量平衡充电器插头相邻导线插针得到单体电压

习题

1. 电动飞机的动力系统主要由哪四部分组成？
2. 木材、碳纤维、钢，谁的模量最大？
3. 钕铁硼和铁氧体，谁的磁感应强度高？
4. 钕、钐、镁、铀、镭，哪几个属于稀土？
5. 交流电和直流电，哪个更适于电力长途传输？
6. 电调和电机之间是交流电还是直流电？
7. 电调和电池之间是交流电还是直流电？
8. 镍氢电池和铅酸蓄电池，谁的能量密度大？

第12章　电动动力系统设计及安装

12.1　动力系统的设计——油动心脏病,电动力独树一帜

虽然我们的航空动力系统不断在进步,但是目前我国的航空汽油发动机、涡喷、涡扇、涡轴等油动航空发动机依然有"心脏病",远远落后于欧美。但是在电动力方面,由于21世纪电动无人机的快速发展,我国的无刷电机、电调、低速螺旋桨已处于世界领先地位。从第6和第7章中我们已经知道为无人机选择多大功率的电动机。那么,本章就看看怎么为电机配上合适的桨、电调与电池。

12.2　电机的选用——越扁越好

根据需要的功率选用电机。

 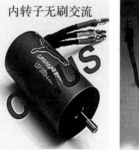

▲3种类型的电机　　　　　　　　　▲外转子无刷电机
　　　　　　　　　　　　　　　　内部结构

选外转子无刷电机,效率高,飞得时间长。

同功率下选最扁的电机,效率高,飞得时间长。

12.3　桨的选用——好马配好鞍

螺旋桨主要规格有桨径和桨距(也叫螺距),使用4位数字表达,前2位代表桨的直径(单位:in, 1 in=25.4 mm),后2位是桨的桨距。1204比1104的桨看起来大,1105比1104的桨看起来陡。

电机说明书上会说明本电机适合哪五六种规格的桨。在这几种桨中,想飞得久就选桨径大的,想飞得快就选桨距大的。

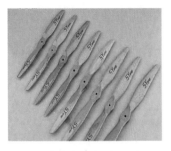 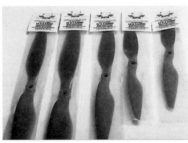 

▲木桨效率高，但脆弱，还没有太小号的　▲塑料桨便宜、皮实，但效率不高　▲碳纤桨效率高，也结实，但是贵

12.4　电池的选用——变形金刚的能量块

小型电动无人机选高放电倍率聚合物锂电池。

在飞机载重允许范围内，想飞得久，电池容量越大越好，也就是越重越好；同等容量下，电压越高越好，也就是串联的片数越多越好，因为这样效率高。

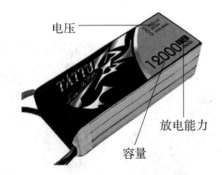

▲电池标牌上的规格

▲鼓包的电池容量会严重损失，充电还会着火

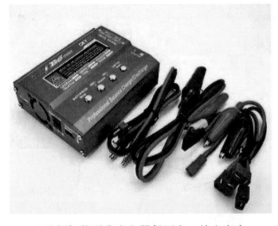

▲选择智能平衡充电器保证充、放电安全

安全提示！

无人机用的锂电池过放电会鼓包，过充电会着火，高空摔下会爆炸。

▲聚合物锂电池会着火，也会爆炸

12.5　电子调速器的选用——你家的空调变频器

电子调速器负责把电池里的能量按自驾仪或遥控器的要求分配给电机。所以电调的规格既要适应电机，又要适应电池。

电机决定了电调的电流规格。

一般选取巡航状态下电机电流4~5倍规格的电调使用。这样可以给电流留够充足的余量，保证在打桨时电流激增不至于烧毁电调。

电池决定了电调的电压规格。

很多电调自带BEC（Battey Elimination Circuit）功能，有分流供电能力，可将动力电池电压变为5 V电压给飞控或遥控接收机供电。

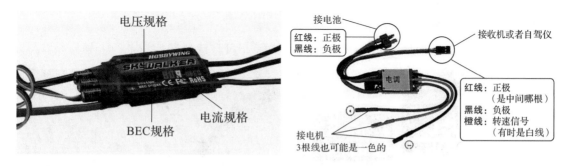

▲电调标牌上的规格　　　　　　　　　▲电调的接线

 堂课讨论　固定翼螺旋桨和多旋翼螺旋桨有什么区别？

能技实践　现场进行某可启动的台架电动动力系统的排故

（预先随机设置螺旋桨方向、螺旋桨动静平衡、电机缺向、电调不匹配、电池不匹配、线路断路等故障）

▲螺旋桨平衡器可检测静平衡

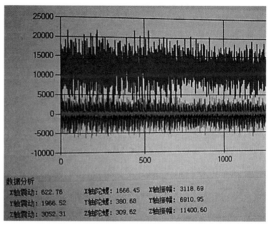

▲下载并观察飞控日志数据可检测动平衡

小电调　　　　　　　　大电机

▲缺向简单点讲就是3根线中某根出了问题　　　　▲小电调配大电机引起的问题最严重

能实 技·2·践 在10块动力电池中找出2块以上异常的，并查明原因

（预先设置鼓包、单体断路、接头损坏等故障，可自选仪器、设备、工具）

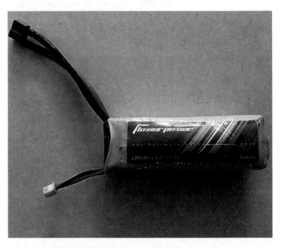

▲BB响是快速测量多组动力电池的神器　　　　▲鼓包是最简单的动力电池失效判据

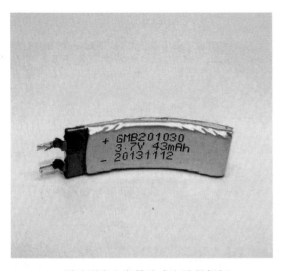

▲严重形变也容易造成电池的损坏　　　　▲过度用力撕扯也会造成电池线路损坏

能技实践 3 进行某两组动力电池串联/并联电缆的制作

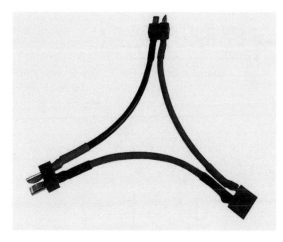

▲T形插头串联电缆

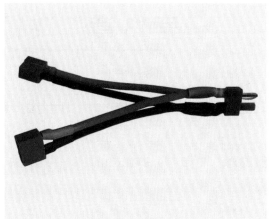

▲T形插头并联电缆

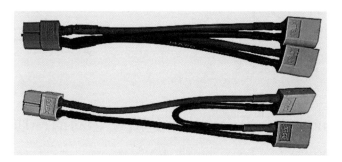

▲XT60插头串联/并联电缆

✎ 习题

1. 同功率电机，短粗的效率高还是细长的效率高？

2. 木桨、塑料桨、碳纤桨，一般哪个更容易变形？

3. 正桨和反桨的区别是什么？

4. 螺旋桨的反扭矩是什么意思？

5. 螺旋桨外形的负扭转是什么意思？

6. 3S2P的动力电池，内部单体是如何串/并联的？

7. 电调的电流规格一般由电机还是电池决定？

8. 螺旋桨动平衡和静平衡在概念上有什么区别？

第13章 飞行与控制的概念

13.1 维度与空间——二向箔打击

一根线上的蚂蚁，一个数可以决定它的位置；一张纸上的蚂蚁，两个数可以决定它的位置；三维空间的蚂蚁（质点），三个数就可以确定它的位置。

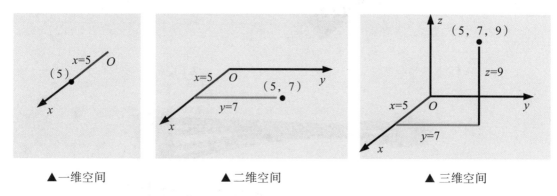

▲一维空间　　　　　　▲二维空间　　　　　　▲三维空间

13.2 三维空间的6个自由度——这就是运动的一切

人和蚂蚁的区别在于，人是体，蚂蚁是点。三维空间沿着坐标轴的三个数只能确定物体的重心位置，但物体此时可能还是东倒西歪的，"体"还需要绕坐标轴的三个数来确定姿态。

这就是物体在空间具有的6个自由度，即沿x、y、z三个直角坐标轴方向的移动自由度（位置）和绕这三个坐标轴的转动自由度（姿态）。因此，要完全确定物体的状态，就必须清楚这6个自由度。

13.3 运动与飞行——远离地面

改变位置与姿态这6个数就叫运动。

脱离地面，在三维空间改变这6个数就叫飞行。

在大气层中的飞行叫航空；在宇宙空间的飞行叫航天。

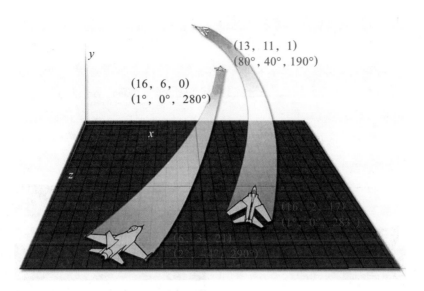

(13, 11, 1)
(80°, 40°, 190°)

(16, 6, 0)
(1°, 0°, 280°)

▲飞行就是改变姿态的3个数（滚转角、俯仰角、偏航角）和位置的3个数（东西的位置、南北的位置、高低的位置）

13.4　飞行控制——控制飞机的这6个数

飞行控制就是控制飞行。测得当前这6个数，知道要去的地方的这6个数，根据它们之间的差别，该推杆推杆，该加油门加油门，通过调节飞机气动舵面和发动机转速使当前的6个数变成想要的那6个数。

有人机通过驾驶员改变这6个数，无人机通过飞控导航系统（自驾仪）改变这6个数。

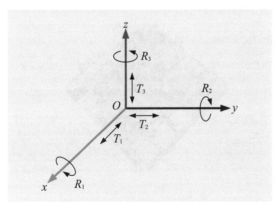

▲三维空间的6个自由度

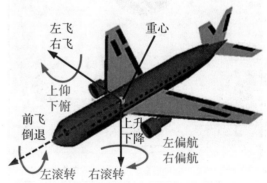

▲航空中6个自由度的专有名称

13.5　最早的飞机怎么保持水平？——垂直陀螺

飞机怎么保持水平呢？有人说：我看舷窗外，歪了的话，就左右压杆或前后推拉杆。如果在夜间或在云中怎么办？还有人说：那我就靠屁股的压力感觉姿态。
如果屁股坐麻了怎么办？

其实飞机要保持水平，得靠德国人发明的一种设备——陀螺仪。陀螺有定轴性，也就是说，只要转起来，不管陀螺架子怎么乱动，陀螺轴始终保持启动时的空间角度。只要我们在飞机起飞前，让陀螺垂直于地面转起来，那陀螺轴将始终和地面垂直，此时飞机飞到天上，即使不看舷窗外，只要我们操纵飞机和陀螺轴保持垂直，那我们和地面一定是水平的。

这种陀螺装置在有人机上叫姿态仪，直接安装在仪表板上；在无人机上叫IMU（惯性测量单元），安装在自驾仪旁边或者干脆和自驾仪做成一体。

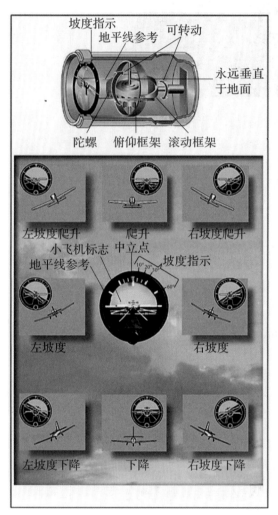

▲有人机靠看姿态仪保持水平

分立式IMU　飞控导航系统

▲大型无人机靠分立式IMU保持水平

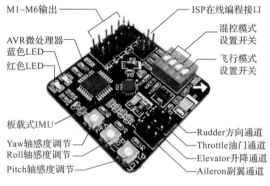

▲小型无人机板载式IMU

13.6　最早的飞机怎么保持航向——四大发明中的哪一个？

中国古老的指南针进化成有人机用的机械罗盘，也叫航向指示仪。

现今，它又继续进化成无人机用的电子罗盘。

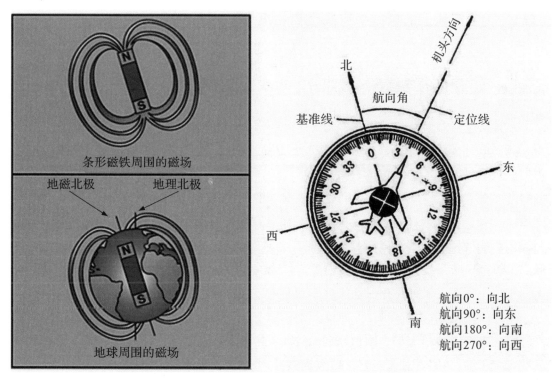

航向0°：向北
航向90°：向东
航向180°：向南
航向270°：向西

▲有人机驾驶员左右蹬脚舵使实时航向与目标航向一致
　无人机飞控即时控制方向舵舵机使实时航向与目标航向一致

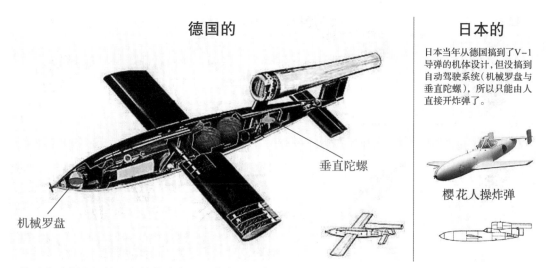

德国的

日本的

日本当年从德国搞到了V-1
导弹的机体设计，但没搞到
自动驾驶系统（机械罗盘与
垂直陀螺），所以只能由人
直接开炸弹了。

垂直陀螺

机械罗盘

樱花人操炸弹

▲靠垂直陀螺和机械罗盘就能稳定飞机姿态，组成最初的飞控导航系统，德国人因此在二战中，造出了
　世界上第一枚巡航导弹，不爆炸就算无人机啦

生产线上的机械手有几个自由度？V-1 导弹只能沿直线平飞，怎么能炸到敌人？

 在提供的连接器（或照片）中找出指定型号

在辨认连接器型号前，我们首先来了解一点关于如何选择连接器的小知识。

任何电气连接器的选择都要考虑六大方面性能：接触、紧固、仿呆、屏蔽、防水、防震。接触是基本能力，包含最大电流问题、电阻发热问题、接触压力等因素。紧固，指的是要有卡扣机构保证在震动和受力情况下的连接状态。仿呆指的是要么兼容正反插，比如type-c，要么带有不对称机构不能反插导致连接错误，当然也包含相同型号连接器一起用不能插错的功能。屏蔽指的是具有金属外壳和连接设备外壳与电缆外壳的能力，形成整体电屏蔽系统。防水是连接器要有水密封特性，可以在一定的沾水情况下保持电连接正常。防震，就是要有一定的抗震动能力，在震动过程中不会闪断或接触不良。

不同的连接器特性不同，下面就开始认识一下连接器吧！

[工业航空插头（J30J，圆形航插），XT系列电源连接器（XT60，XT90），防打火连接器（AS150，AS120，XT90），射频连接器（SMA，IPX）]

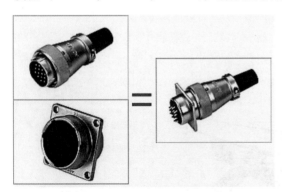

▲圆形航空电缆插头插座规格种类比较多

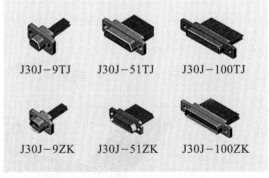

▲矩形航空电缆插头插座J30J型使用得较多

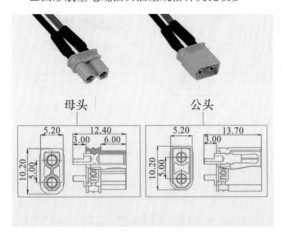

▲无人机动力电池广泛使用的XT系列连接器

▲SMA连接器在无人机各种天线上使用

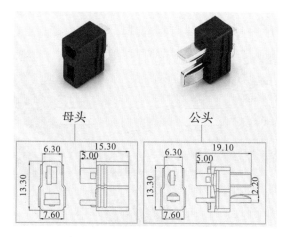

▲T插在早期的航模动力电池上使用

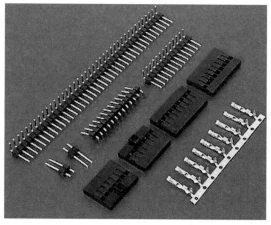

▲成品舵机、电调数据线会使用杜邦连接器

能实技2践 进行某航空插头的焊线与绝缘操作

▲剥离绝缘层

▲拧紧裸线

▲缠绕焊锡丝

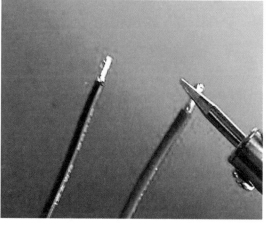

▲线头镀锡

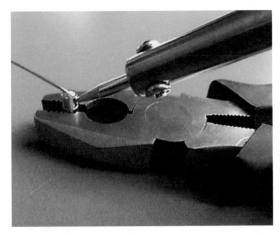
▲插头镀锡

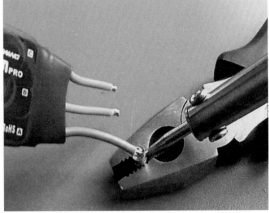
▲焊接

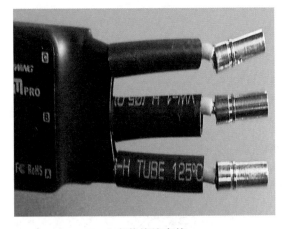
▲安装热缩套管

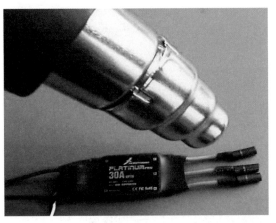
▲加热收缩热缩套管

习题

1. 三维空间，几个数可以确定一个质点的位置？

2. 高度是位置量还是姿态量？

3. 俯仰角是位置量还是姿态量？

4. 垂直陀螺主要用来测量什么？

5. 机械罗盘主要用来测量什么？

6. J30J、SMA，哪一种是射频连接器？

第14章 无人机的姿态控制

14.1 飞控导航系统(自驾仪)怎么知道——姿态和位置

三维空间的一切物体都具有6个自由度，即沿x、y、z三个直角坐标轴方向的移动自由度（位置）和绕这三个坐标轴的转动自由度（姿态）。因此，要完全确定物体的状态，就必须清楚这6个自由度。

大型的有人飞机和导弹可以安装垂直陀螺和机械罗盘等专用设备来实现飞行控制，但这些专用设备很重，且非常昂贵，那小无人机怎么办？

无人机要飞，也必须知道这6个自由度。它怎么知道呢？必须向人类学习。人类用眼睛、耳朵和身体知道姿态，靠手里的GPS知道位置。因此无人机也得安装这几种设备，而且还得又轻又便宜。

14.2 测量姿态的1号设备(磁力计)——无人机的眼睛

我们走进一间屋子，会自觉不自觉地用眼睛扫视窗框、门框，只要我们和它们垂直与水平，我们就站直了，稳住了姿态。

无人机在天上飞，那儿可没有窗框、门框，但那有一条看不见的、从北指向南的、和大地平行的磁力线，因此无人机上要安装能看见这根线的磁力计，飞机和磁力线的左右夹角就是航向角，和磁力线的上下夹角就是俯仰角。这种磁力计和大型飞机的机械罗盘功能类似，但便宜和轻得多。

▲人们走进游乐场斜屋子站不直，就是因为眼睛测姿态的错觉

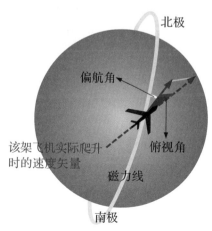

▲磁力计能测出实际飞行红色虚线矢量与黄色磁力线的上下角度与左右角度

14.3 测量姿态的 2 号设备（角速率陀螺）——无人机的耳朵

人的耳朵不仅可以听声音，还能够感知姿态。得了中耳炎的人，走起路来有可能会歪歪斜斜，这就是因为内耳发炎。

我们的内耳中长了一个像蜗牛一样的东西，这个东西叫位听神经，又叫前庭器官。蜗牛的壳子是用来听声音的，蜗牛的须子是用来测姿态的。蜗牛的须子绕着X轴、Y轴、Z轴各长了一根。

蜗牛的须子叫半规管，里面充满体液，管壁上有很多绒毛。如果我们闭眼站在一个台子上，台子迅速向左转动，那么我们的身体（包括测量偏航的半规管）会一起动，但半规管里面的水没有动，绒毛会测量出体液和管壁的速度差，并以脑电图形式传给大脑，这时，不睁眼你也知道自己转动了。

还记得小时候，闭眼转 3 圈，睁眼后的天旋地转吗？那是因为你停了，水没停。还记得小时候晕车时的翻江倒海吗？那是因为半规管中真的在翻江倒海。现在你为啥不晕车了？长大了，半规管没那么嫩了。

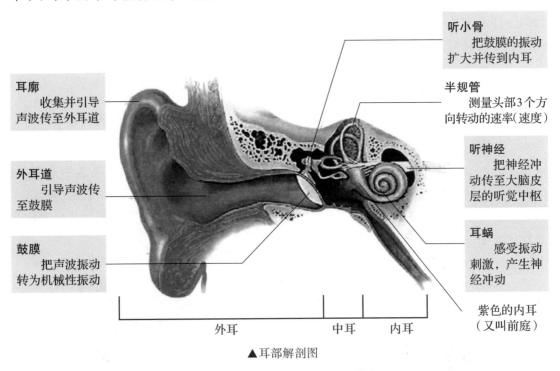

▲耳部解剖图

无人机又没有半规管，那怎么办呢？不要紧，我们给它安装 3 个，这种"电子半规管"就叫角速率陀螺。

角速率陀螺和半规管一样用来测量母体的转动。无人机一开始在平飞，此时副翼左上右下左滚了 2 s，问：飞机现在的滚转角是多少？

这时我们看看角速率陀螺，这 2 s 的平均值为 3°/s，所以飞机的滚转角为 6°。测量姿态就这么简单。

▲高级点的动物都有半规管

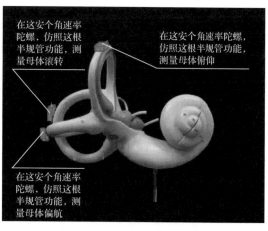

▲ 角速率陀螺绕坐标轴安装3个

14.4　测量姿态的3号设备(加速度计)——无人机的肉体

闭上眼睛，又得了中耳炎，这时人怎么知道自己是躺着还是站着呢？对了，我们还有肉体，我们还能感觉到重力。

电梯上下的忽悠，汽车加速前进时的推背感，汽车拐弯时的左右甩，都是我们的肉体（主要是肌肉）测出来的。

▲牛顿第二定律

▲ 人体重力传感器——肌肉

根据牛顿第二定律，知道了力F，除以质量m，就知道了加速度a；同样，知道了加速度a，乘以质量m，就知道了力F。

因此我们在无人机上安装一种叫加速度计的传感器，加速度计能测得重力加速度的方向，也就是地面的方向，无人机在飞行时只要和这个方向垂直，也就飞平了。

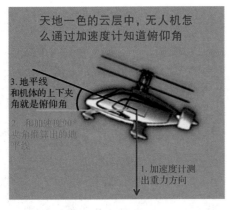

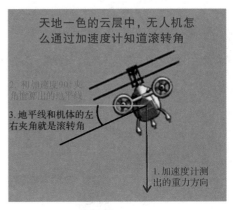

▲加速度计测俯仰角   ▲加速度计测滚转角

14.5 姿态解算——少数服从多数

1、2、3号姿态传感器测出3个值。左滚31°、左滚5°、左滚29°，三个答案不一样，无人机滚转到底是多少度呢？实际飞控编程中，我们会把最不靠谱的5°去掉，剩下的加起来除以2，即（31+29）/2=30°，这基本就和真实值差不多了。这种判断与计算，就是飞控软件最基本的两项功能之——姿态解算。

这种无人机安装多个传感器测量一种量的设计就叫余度设计，可以大大提高安全性。

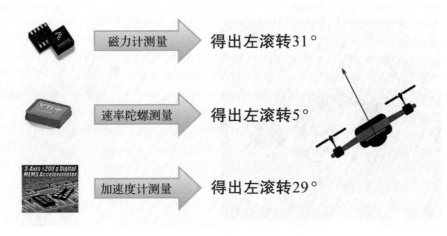

▲3种设备都可测姿态，所以是3余度

课堂讨论 航天员在宇宙中怎么知道姿态？视力、内耳、肉体，哪个传感器还有作用？

实技能实践 在提供的飞控原理图中，指出某图例或元器件性质，并在提供的实物飞控板上指示出位置

（随机指定电源、地、电阻、电容、电感、芯片、晶振、运算放大器、二极管、LED、三极管、NMOS、PMOS）

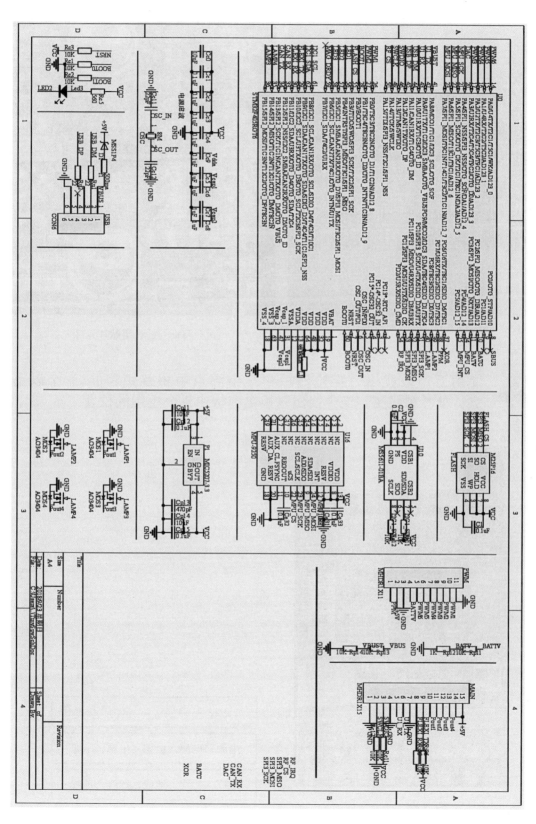

▲ 典型飞控原理图

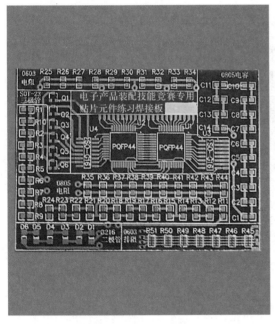

▲贴片元件代号与焊盘　　　　　　▲电路板上的各类贴片元件

能实技2践 使用万用表找出飞控电路板中某组焊点中相互短路的 3 个以上点；参考布线图，至少找出飞控电路板中 1 个虚焊的位置

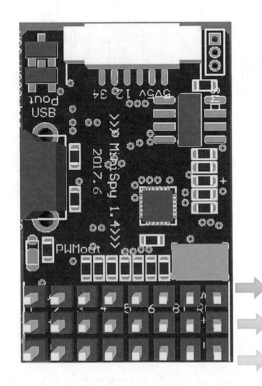

1，2，3，4，5，6，测压，PPM
电源，电源，电源，电源，电源
地线，地线，地线，地线，地线

▲一般飞控电路板上伺服输出管脚中红色这一行之间都是短路的，黑色的也是

▲几处典型的虚焊

习题

1. 地球的磁力线一定是正南正北吗？

2. 人的耳朵除了能听声音之外，还能用来感知什么？

3. 电梯里的失重感觉是因为加速度变了还是角速度变了？

4. 电阻、电容、二极管、三极管，一般哪个不是两个管脚？

5. 飞控电路板上伺服输出管脚中，1排信号插针、1排电源插针、1排地插针，一般哪一排不是相互短接的？

6. 微小型无人机一般是否安装垂直陀螺用来感知姿态？

第 15 章　无人机的位置控制

15.1　姿态重要还是位置重要——内功与招式

重要的事情说3遍。

故事一：你手里拿个篮球，1s就能转一圈。但你把篮球从北京移动到纽约，即使超声速（1226 km/h）过去，也得12h。

姿态是一个小量，变化得太快；位置是一个大量，变化得慢。姿态重要！

故事二：你在一架就要坠毁的打着转的直升机上，有人对你说，快往北爬，往北爬就能跳出舱门。你知道北在哪吗？

姿态是位置的基础，不稳住姿态，就不知道位置的方向。姿态重要！

故事三：你现在是中队长，你想当大队长，怎么办呢？送礼是没有用的，你必须努力，有一个向上的态度，火候到了，你就是大队长了。如果不努力，只想躺着赢，摆着一个往下出溜的态度，那回头你就是小队长了。

姿态是位置的趋势，拿固定翼飞机来讲，向上的姿态就会爬上，向下就会下降。姿态重要！

▲篮球超声速队

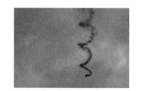

▲来，往北爬就能跳出来

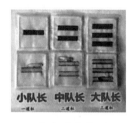

▲态度改变位置

15.2　重要结论——姿态比位置更重要！

在学有人机飞行时，当你能通过杆舵控制住飞机姿态后，教官会说：Oh, yes, cowboy, can hold the plane。

在学遥控航模时，当你能通过2个杆控制住飞机姿态后，学长会说：Smart，you can fly at will。

无人机的飞控软件中，也把姿态作为最重要的，首先要控制住的，称为内回路（姿态回路）。而把位置控制作为相对次要的，称为外回路（位置回路）。而姿态回路干得最主要的事情就是姿态解算与控制，这就要靠数学了。

谁家的无人机好，要看谁家的飞控好；谁家的飞控好，要看谁家的软件好；谁家的软件好，要看谁家的算法好；谁家的算法好，要看谁家的数学好。这就是要学好数学的重要性。

15.3　古人怎么测量位置——天文导航

古人怎么测量位置？有人马上回答：不就是看北极星的方向确定正北吗？

北极星找到的是方向，方向就是航向，只是一个姿态量。

三维空间的一切物体都具有6个自由度，即沿x、y、z三个直角坐标轴方向的移动自由度（位置）和绕这三个坐标轴的转动自由度（姿态）。因此，要完全确定物体的状态，就必须清楚这六个自由度。

三个位置量是什么，其实大家都知道：经度（longitude）、纬度（latitude）、高度（altitude）。

古时的天文导航确实需要北极星，但测的不是方向，而是纬度（latitude）。

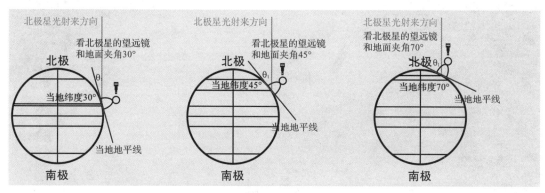

▲北极星和地面的夹角就是当地纬度，站在北极，北极星在头顶，站在赤道上，北极星在地平线上

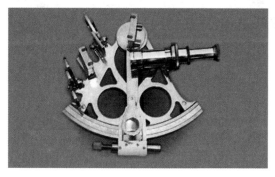

▲望远镜加上量角器就不再是望远镜，而叫六分仪，就可以用来测位置

▲六分仪——大航海时代的GPS

六分仪加上墨镜看太阳同样可以测量经度，地球上经度不一样的地方，中午12点太阳的高度是不一样的，原理稍微复杂一些，我们就不展开讲了。

古人不飞行，主要是航海，所以高度是0。知道了经、纬、高，人类终于开始了大航海，探索地球，走入了现代文明。

15.4 测量位置的1号设备(GPS)——假的天文导航

测量位置就是导航，导航可以依靠星星和太阳，但阴天怎么办？

我们需要阴天云层挡不住的星星。1957年10月4日，人类发射了第一颗人造卫星，经过7年的准备，美国人发射了全球第一组导航卫星，组成星座（伪星座），取名全球定位系统（Global Positioning System，GPS）。

GPS卫星不像北极星一样在天上的位置不动，它是转来转去的，那怎么靠它测量位置呢？靠时间差！

GPS卫星是我们在特定时间，按特定角度和速度送入预定轨道的，因此在每个特定时刻，所有GPS卫星在地球哪个位置上空我们是知道的，这些数据叫星历（卫星的日历）。

▲根据星历我们能够知道当前时间每颗GPS卫星的星下点

根据GPS的星历，我们知道了星下点，也就是圆心。

GPS卫星只广播2个数据，"我是几号星，北京时间几点了"。

GPS接收机根据收到的"那颗卫星的北京时间"和自己手表上真正的北京时间比对，时间延时乘以无线电速度（光速），就得出接收机距离这颗星的距离，画1个圈。

3颗星3个圈交于1个点，就定出了经、纬度。

我的手表时间是12：00：00。我看星历1号在北京上空。
我的GPS接收机接收到1号GPS卫星时间11：59：59。
为啥？因为我在距离北京30万千米的圈上的某个位置。
电磁波是光速，延时了1s。

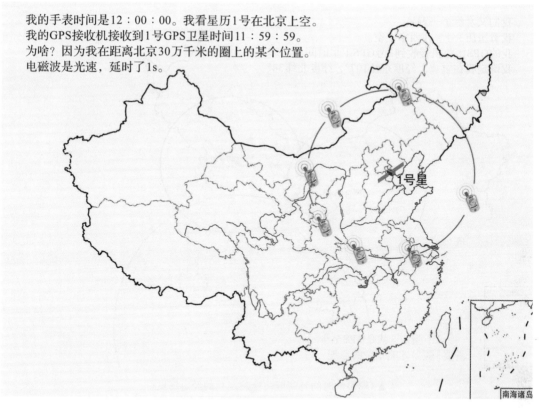

▲1颗星的时间延时只能确定我在某个圈上

我看星历2号星在香港上空。
我的GPS接收机接收到2号GPS卫星时间11：59：58。
延时2s，我也在距离香港60万千米的圈上。
2个圈交于陕西宝鸡和东海的2个点上。
我就在这两个点的某一个上。
我看了看脚下，大地。
我在宝鸡。

当年我们中国北斗的
双星定位就是这个原理，
2颗就够。

▲2颗星的时间延时只能确定我在2个点上

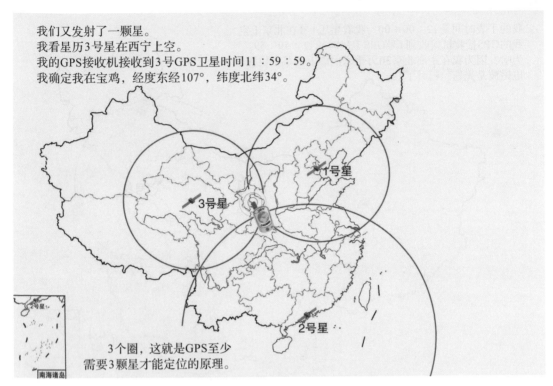

我们又发射了一颗星。
我看星历3号星在西宁上空。
我的GPS接收机接收到3号GPS卫星时间11∶59∶59。
我确定我在宝鸡，经度东经107°，纬度北纬34°。

3个圈，这就是GPS至少
需要3颗星才能定位的原理。

▲3颗星的时间延时能完全确定我的经、纬度

15.5　测量位置的2号设备——气压高度计

物体的3个位置量，GPS测得了经度和纬度，还差一个高度，怎么办？用大气压。

空气和水都是由自由流动的分子组成的流体。只要有温度，这些分子就会前后左右运动，只有在绝对零度（−273.15℃），它们才会停止。微观角度下，无数个分子撞击到某一个平面，这些撞击力之和就是我们测得的压力。

每个分子可以看作是游乐场的小球。大气层中这些小球越靠下越密，所以越靠下，气压越高；大海中这些小球也越靠下越密，所以越靠下，水压越高。比如在600 m深海，1 m³的水分子数量是海面水的60倍。1个人挤你，你还受得了，60个人挤你，你就被挤"扁"了，很多潜艇就是这么被挤"扁"的。

因此，知道了压力变化，就能反推出高度变化。

校准旋钮　外界静压管

▲外部气压高、密封膜盒被压扁，证明现在是低空

校准旋钮　外界静压管

▲外部气压低、密封膜盒膨胀，证明现在是高空

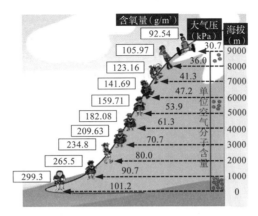

含氧量（g/m³）	大气压（kPa）	海拔（m）
92.54	30.7	9000
105.97	36.0	8000
123.16	41.3	7000
141.69	47.2	6000
159.71	53.9	5000
182.08	61.3	4000
209.63	70.7	3000
234.8	80.0	2000
265.5	90.7	1000
299.3	101.2	0

▲高度与压力成反比

 中国人为啥没能环球航行？

能实技践 使用风枪或烙铁进行某电阻和某贴片的拆卸

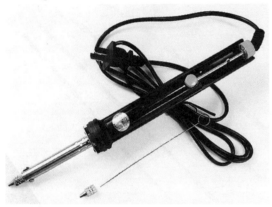

▲可使用吸焊两用烙铁

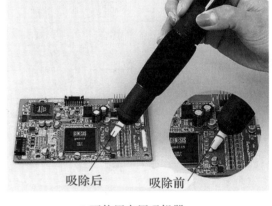

吸除后　　　　吸除前

▲可使用专用吸锡器

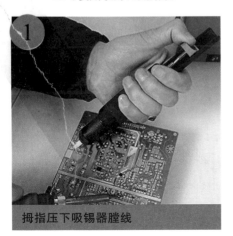

拇指压下吸锡器膛线

▲预备

用烙铁锡烫化焊点

▲加热

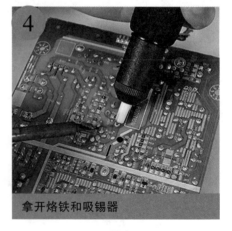

把吸锡嘴卡在焊点上面不要留有缝隙

▲抵近

拿开烙铁和吸锡器

▲触发

能实
技 2 践 进行某飞控裸板与两组舵机信号线/力矩电机信号线的焊接

▲准备飞控板

▲准备舵机线

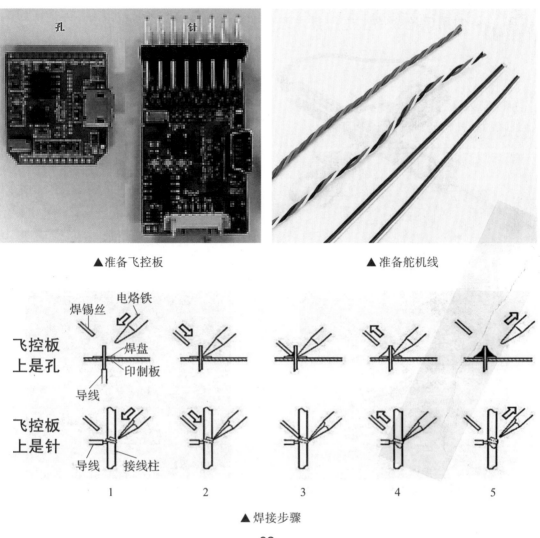

▲焊接步骤

习题

1. 物体姿态变化得快还是位置变化得快?
2. 姿态是位置的基础还是位置是姿态的基础?
3. 姿态是位置的趋势还是位置是姿态的趋势?
4. latitude指的是经度还是纬度?
5. 北京的纬度值大还是上海的纬度值大?
6. 重庆的经度值大还是广州的经度值大?
7. 北极星的当地高度是经度还是纬度?
8. 同一个气压高度计,在拉萨显示值大,还是在香港显示值大?

第16章 无人机的执行机构及操纵系统

16.1 飞机怎么实现滚转、俯仰、偏航——变弯度

飞行就是在三维空间改变姿态与位置这6个数值。

一般的飞机是通过改变姿态进而改变位置的。比如，要想位置上升，必须先姿态上仰。

固定翼飞机是通过改变主翼与尾翼后部的气动舵面来实现滚转、俯仰与偏航的。

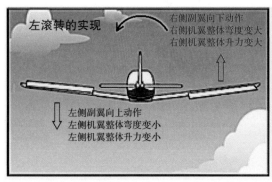

▲副翼左上右下，左滚转　　　　　　▲副翼右上左下，右滚转

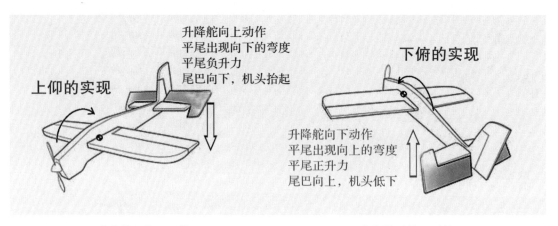

▲升降舵上偏、上仰　　　　　　▲升降舵下偏、下俯

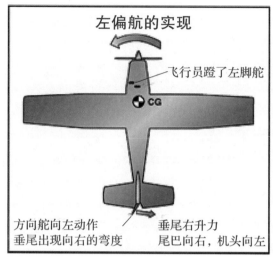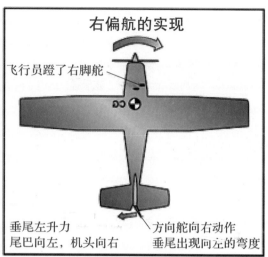

▲方向舵左偏，左转　　　　　　　▲方向舵右偏，右转

16.2　有人机的执行机构与操纵系统——你猜我拐了几个弯？

把飞行员的想法变成行动的就是执行机构，因此有人机的执行机构就是手和脚。执行机构的英文是servo，也叫伺服机构。舵机的英文也正好是这个词。

把手和脚的动作传递到舵面上的机构就是操纵系统。有人机的操纵系统很复杂。

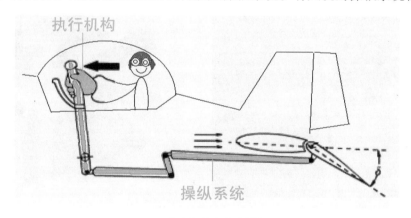

▲有人机的机械操纵

16.3　无人机的执行机构与操纵系统——电子战胜机械

把飞控的想法变成行动的是执行机构，因此无人机的执行机构就是舵机和电调。

有人机的操纵系统需要把机械运动从驾驶舱一直传递到舵面，因此很复杂。无人机却可以把舵机（servo）安装到距离舵面很近的地方，接着用上一点点机械连接；也可以把电调连接到电机很近的地方，这儿压根儿就没有机械装置。而飞控和舵机电调之间用很细很长的电线连接就行了，又简单、又便宜，又轻、又省地方、又方便布置，这就叫电传操纵。

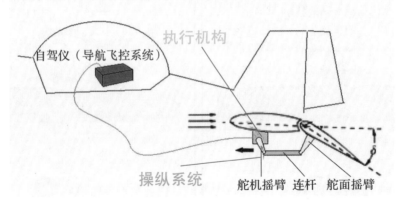

自驾仪（导航飞控系统）

执行机构

操纵系统

舵机摇臂　连杆　舵面摇臂

▲无人机的电传操纵

课堂讨论 电传操纵这么好，有人机为什么不安装？

技能实践 现场进行固定翼无人机某操纵通道舵机摇臂、连杆、夹头的拆卸与更换

▲副翼通道执行与操纵机构

▲各种舵机摇臂

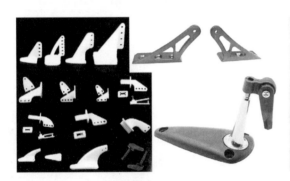

▲各种舵面摇臂

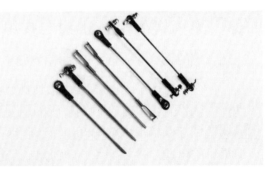

▲各种连杆与夹头

能实技2践 使用万用表找出5条杜邦线中断路的2条

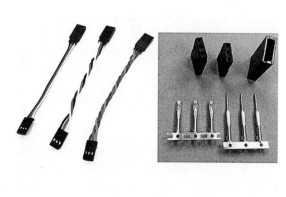

▲测量同一根色线两侧的插针以确定是否断路　　▲日常过度撕扯会造成线芯断裂

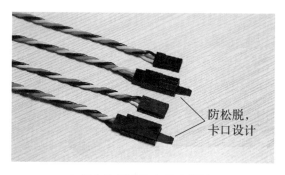

防松脱，卡口设计

▲部分杜邦接头有保险设计　　▲Y形杜邦线的测量方法类似

习题

1. 固定翼飞机通过改变什么实现俯仰操纵？
2. 直升机通过改变什么实现俯仰操纵？
3. 多旋翼无人机通过改变什么实现俯仰操纵？
4. servo指的是飞控、舵机还是遥控接收机？
5. 无人机与有人机，一般谁的操纵系统复杂？
6. 固定翼舵机摇臂越长，舵面偏转极限越大还是越小？
7. 无人机用杜邦线一般是三根线的还是四根线的？
8. 无人机用杜邦线中的信号线一般是什么颜色？

第17章 固定翼无人机飞行认知及体验

17.1 有人固定翼的杆舵控制手法——得有劲儿

有人机飞行手法一百多年来基本没变过。右手握杆执行滚转与俯仰，脚下蹬舵执行偏航，左手腾出来推油门，拨开关。

只是在机械传动时代，客机和轰炸机杆力太重，所以杆都是双手操作的，就像汽车方向盘一样。虽然今天有人机都逐渐安装了电传操纵系统，但美国人还保留着传统，波音客机可都是双手方向盘式的；欧洲人转变得比较快，空客都是单手杆的，像战斗机一样。

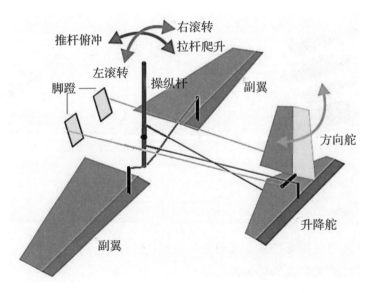

▲有人机操纵杆、舵飞行

▲苏-27战斗机的杆舵控制

▲大型客机波音737的杆舵控制

17.2　固定翼无人机的杆舵控制手法——花样不断在更新

无人机主要是靠自驾仪控制杆舵飞行的，多数时间我们当个指挥官，在屏幕上点点儿就行。但驾驶仪有时也会闹脾气，这时我们就需要切掉驾驶仪的部分功能或全部功能，此时就得人自己上啦，因此我们也得练习无人机的杆舵操作。

17.3　美国式操作手法——美国手

美国人发明了飞机，载人航空发达，很多人是先飞有人机才飞航模的。因此当初美国人造的航模遥控器就是按照美国人习惯来的，右手上下控制俯仰，右手左右控制滚转，左手上下控制油门，脚又踩不到遥控器上，因此用左手左右拨杆儿代替了脚。

如今，人们更习惯用美国手来飞多旋翼！

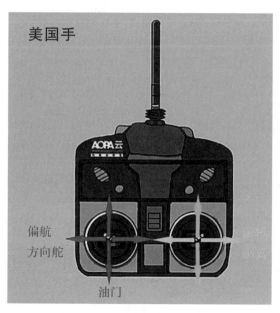

▲美式手法

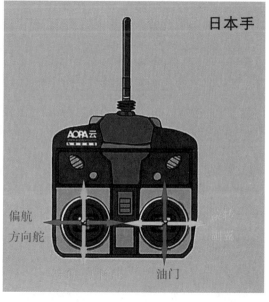

▲日式手法

17.4　日本式操作手法——日本手

美国手对新手有两个小问题。第一，副翼和升降舵是固定翼操作最频繁的两个动作，但都在右手，右手紧忙活，左手可能没事干。第二，出于紧张，右手打俯仰时可能一不小心会加点滚转上去，右手打滚转时也可能一不小心会带点俯仰上去。因此日本人对遥控器做了改良，将这两个最频繁的动作分开，把俯仰放到左边改由左手控制，原来左手的油门放到右手，这就成了右手油门的日本手。

如今，人们更习惯用日本手来飞固定翼飞行器！

课堂讨论 有没有中国手?

技能实践 1 以某架固定翼无人机为例,进行飞控系统首次安装的初始调试数个步骤,保证机型、安装方向、舵面反馈、校准等满足要求

▲固定翼无人机飞控调试的数个步骤

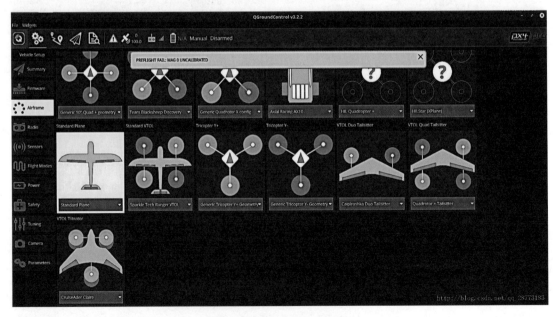

▲在载具类型中选择固定翼

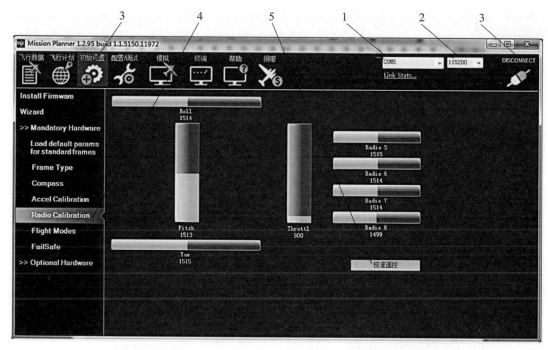

▲进行遥控器校准

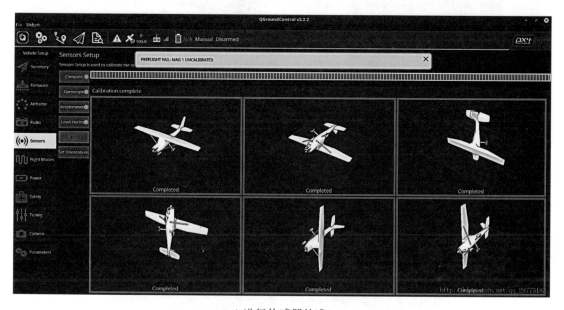

▲进行传感器校准

能实
技 2 践 在模拟器上体验固定翼无人机舵面遥控飞行（日本手）

▲购买一套模拟器

▲在电脑上安装光盘中任意一款模拟器软件

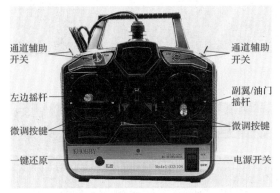

通道辅助
开关

左边摇杆

微调按键

一键还原

通道辅助
开关

副翼/油门
摇杆

微调按键

电源开关

▲购买时注意选择日本手的硬件

▲将硬件插到电脑USB口上

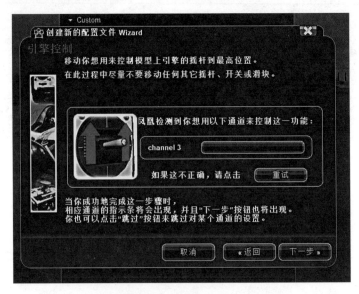

▲设置遥控器最大最小舵量、正反舵

▲选择飞行场地

▲初期上手选择好飞的固定翼飞行器训练机练习

▲熟练后一定把各种战斗机都拉出来遛遛

习题

1. 波音飞机是双手握驾驶杆，还是右手单手握驾驶杆？
2. 左脚蹬舵右脚收，飞机左转还是右转？
3. 美国手遥控器，左手上下操纵的是什么？
4. 人们更习惯用美国手还是日本手来飞固定翼飞行器？
5. 无人机飞控系统首次安装的初始调试，首要的步骤是干什么？
6. 在模拟器上学习固定翼飞行器操作手法，首先选择训练机还是像真机练习？

第18章　固定翼无人机实验试飞

18.1　现代无人机怎么飞——和飞控配合好

飞行就是在三维空间改变姿态与位置这6个数。

控制住姿态这3个数,是飞控子系统的事或者说是驾驶员的事。控制住位置这3个数,是导航子系统的事或者说是导航员的事(导航员就是汽车拉力赛时,坐副驾驶位置上看地图的那个)。今天的小型无人机中把这两个子系统都集成在一块电路板中,叫自驾仪,简称飞控。

无人机主要是飞控飞,但是人要指挥和在紧急时"抢权"。

18.2　无人机控制模式——你干多少,它干多少

有人机的控制模式比较复杂,而无人机是有自驾仪帮忙的,因此控制模式相对简单。

所谓无人机的控制模式可简单理解为,哪种状态下人直接开飞机,哪种状态下飞控子系统帮着人开飞机,哪种状态下飞控子系统和导航子系统都帮着人开飞机。

飞控子系统、导航子系统均不参与控制	• 军用叫舵面遥控 • 民用叫飞模型
飞控子系统稳定姿态,人来影响姿态以改变位置	• 军用叫姿态遥控 • 民用叫增稳或姿态模式
飞控子系统稳定姿态,导航子系统控制位置,人来影响修正位置	• 军用叫人工修正 • 民用叫GPS模式

▲无人机主要的3种控制模式

18.3　固定翼无人机的飞行阶段——上去容易下来难

固定翼飞机在天上时最好飞，起飞时相对难度大一点，着陆时最难。

20年来的固定翼飞机事故统计

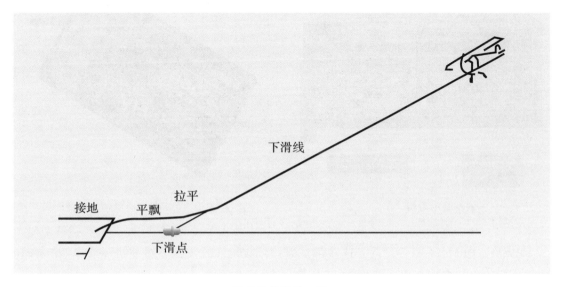

▲固定翼各阶段飞行难度

▲最难的就是这一段

18.4   固定翼飞行重点之重点——起降航线的练习

能够持续稳定保持安全降落是学会固定翼飞行的标准!

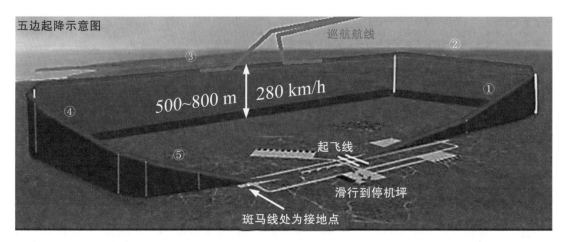

五边起降示意图

巡航航线

③

②

①

500~800 m   280 km/h

④

⑤

起飞线

滑行到停机坪

斑马线处为接地点

▲固定翼飞行需要反复进行红色五边起降航线的练习（图示高度为大型飞机）

 堂课讨论 各种固定翼飞机的着陆速度是多少?

技能实践 使用示波器判断某接收机信号是PWM、PPM还是SBUS；使用示波器读取接收机第 3 通道信号的频率与占空比

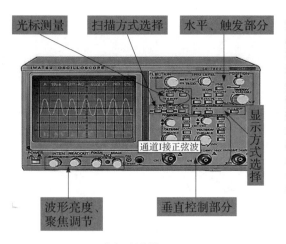

光标测量   扫描方式选择   水平、触发部分

IWATSU OSCILLOSCOPE

显示方式选择

通道I接正弦波

波形亮度、聚焦调节   垂直控制部分

▲准备示波器

Futaba
R3106GF
8 CHANNEL RECEIVER
T-FHSS
HV
AIR MONO

▲测量接收机第3通道两侧插针

PWM、PPM、SBUS，首先这些都是遥控接收机（或飞控）给舵机（或电调）的信号，告诉舵机转多大角度（或推多大油门）。

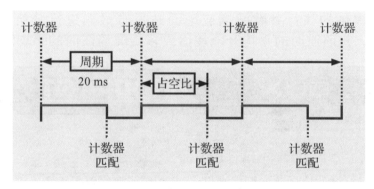

▲PWM（脉冲宽度调制），控制舵机和电调的最基本信号

1路信号控制1个舵机；20ms内只有1个高电平；红线越长，舵机转动角度越大

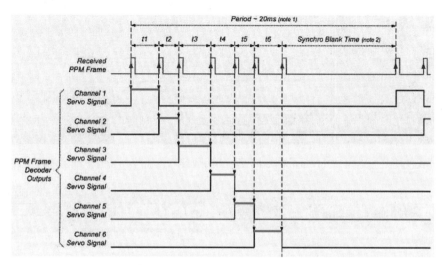

▲PPM（脉冲位置调制）控制多舵机和多电调的信号

1路信号控制数个舵机（图示6个）；20ms内有数个高电平；红线越长，对应舵机转动角度越大

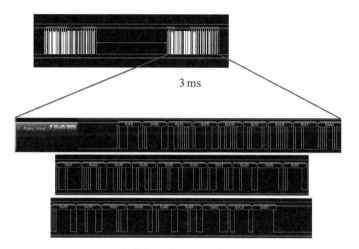

▲SBUS是一个串行通信协议，使用RS232C串口的硬件

1路信号能够控制很多舵机；波特率100 kb/s（100 000）代表SBUS的频率远比PWM、PPM高；每3 ms发一大堆高电平

能实 技 2 践 对提供的飞行参数数据或地面站日志数据进行分析，找出固定翼无人机巡航时的平均升降舵值或多旋翼巡航时的平均油门值

▲使用开源地面站（Mission Planner）的回顾日志按钮打开飞控记载的飞行参数

▲飞行参数一般会以bin文件或log文件保存，这相当于飞机的黑匣子数据

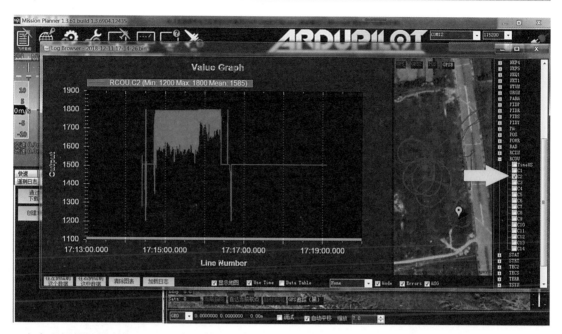

▲点击右侧数据栏中的RCOU（舵机输出值）中的C2（升降舵机），地面站就会自动画出本起落全程的升降舵数据曲线，并且还能给出本起落地图上的航迹图

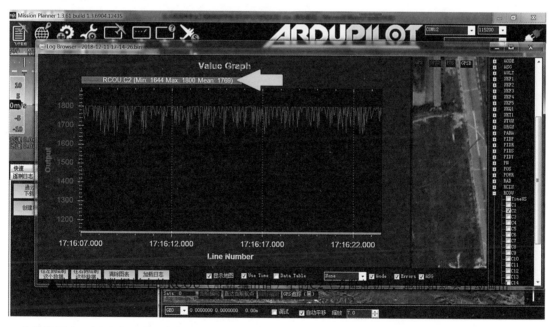

▲在曲线图中，框选出一段飞行轨迹较平直的曲线，Mean值1769是本航段固定翼无人机巡航时的平均升降舵值。1769代表这架固定翼无人机平飞时一直有较大的拉杆。据此数据判断，我们需要对这架固定翼无人机的重心或机翼尾翼安装角进行修改或调整，才能让巡航时升降舵中立，达到理想效果。（1500就是1.5 ms脉宽，代表舵机的中立值；1900是1.9 ms，是升降舵机拉杆的最大值；1100是1.1 ms，是升降舵机推杆的最大值）

习题

1. 无人机当航模飞时，飞控子系统和导航子系统参不参与控制？
2. 无人机姿态遥控时，飞控子系统和导航子系统哪个参与控制？
3. 无人机GPS模式时，飞控子系统和导航子系统哪个参与控制？
4. 简述无人机的飞行阶段。
5. PWM、PPM、SBUS制式，哪种接收机和飞控连接时线缆多？
6. 飞行器的飞参记录仪或黑匣子是用来干什么的？

第19章 多旋翼无人机飞行认知及体验

19.1 物体的运动与飞行——本质

改变位置与姿态这6个数就叫运动。

脱离地面，在三维空间改变这6个数就叫飞行。

在大气层中的飞行叫航空，在宇宙空间的飞行叫航天。

所谓多旋翼的飞行，也就是如何改变多旋翼的姿态3个数和位置3个数。

19.2 多旋翼的6个自由度与4个操作量——耦合的因素

一切飞行都是改变6个自由度。那多旋翼能分别独立改变这6个自由度吗？不能！

多旋翼姿态滚转时必然会引起位置左右移动。

多旋翼姿态俯仰时必然会引起位置前后移动。

因此多旋翼无论是自驾仪飞，还是人飞，最终只剩下4个操作量：

（1）操纵滚转量引起左右移动。

（2）操纵俯仰量引起前后移动。

（3）操纵油门量引起上下移动。

（4）操纵偏航量引起原地转动。

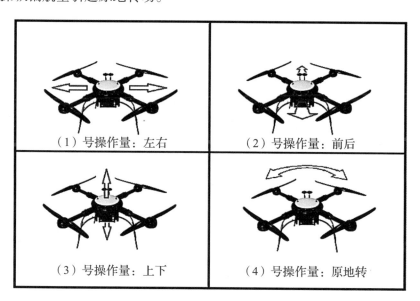

（1）号操作量：左右 （2）号操作量：前后

（3）号操作量：上下 （4）号操作量：原地转

▲多旋翼的4个操作量

19.3　遥控器飞行与地面站飞行——都不是你在飞,你都是在指挥

多旋翼靠改变不同电机的转速才能飞来飞去。

我们用遥控器的杆或地面站的鼠标,控制的都不是转速,而是姿态或位置。那转速是谁控制的? 当然是飞控(自驾仪)。

杆、鼠标的指令是让飞控摆成什么姿态或达到什么位置,具体的调整转速的过程由飞控自己控制。因此说我们是在指挥。这就是无人机和航模的最大区别,航模可是直接控制转速与舵面的。

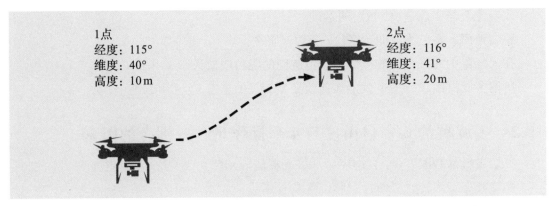

1点
经度:115°
维度:40°
高度:10 m

2点
经度:116°
维度:41°
高度:20 m

▲多旋翼在"1"点悬停,这时我们想把多旋翼从"1"点飞到"2"点,怎么办呢?

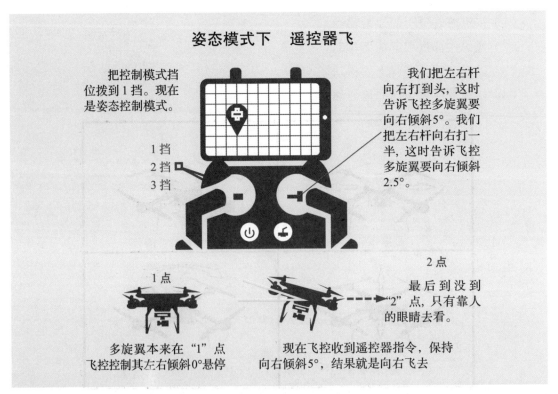

姿态模式下　遥控器飞

把控制模式挡位拨到1挡。现在是姿态控制模式。

1挡
2挡
3挡

我们把左右杆向右打到头,这时告诉飞控多旋翼要向右倾斜5°。我们把左右杆向右打一半,这时告诉飞控多旋翼要向右倾斜2.5°。

1点

多旋翼本来在"1"点飞控控制其左右倾斜0°悬停

2点

最后到没到"2"点,只有靠人的眼睛去看。

现在飞控收到遥控器指令,保持向右倾斜5°,结果就是向右飞去

▲我们可以用遥控器姿态模式指挥飞行。这个最难,因为飞控参与的少,它只管变转速维持预定姿态

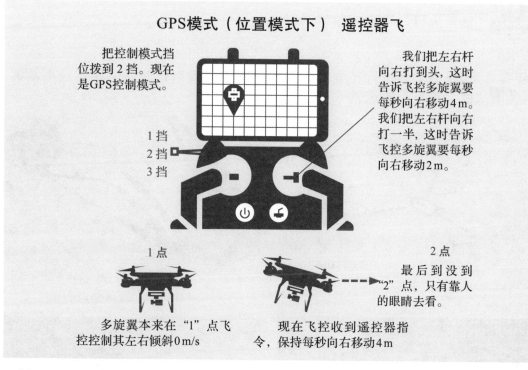

GPS模式（位置模式下）　遥控器飞

把控制模式挡位拨到2挡。现在是GPS控制模式。

我们把左右杆向右打到头，这时告诉飞控多旋翼要每秒向右移动4m。我们把左右杆向右打一半，这时告诉飞控多旋翼要每秒向右移动2m。

1挡
2挡
3挡

1点

多旋翼本来在"1"点飞控控制其左右倾斜0m/s

2点

最后到没到"2"点，只有靠人的眼睛去看。

现在飞控收到遥控器指令，保持每秒向右移动4m

▲我们还可以用遥控器GPS模式指挥飞行。这个难度中等，因为飞控参与的多，它不光靠转速维持预定姿态，还要根据位置调整预定姿态

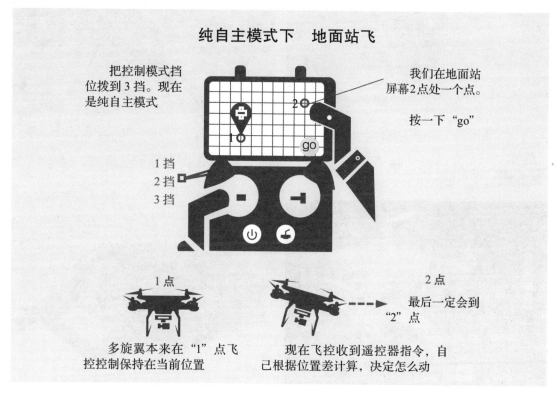

纯自主模式下　地面站飞

把控制模式挡位拨到3挡。现在是纯自主模式

我们在地面站屏幕2点处一个点。

按一下"go"

2

1

go

1挡
2挡
3挡

1点

多旋翼本来在"1"点飞控控制保持在当前位置

2点

最后一定会到"2"点

现在飞控收到遥控器指令，自己根据位置差计算，决定怎么动

▲我们还可以用地面站纯自主模式指挥飞行。这个最简单，因为全由飞控自己干

堂讨课论 玩无人机，飞模拟器有用吗？

能实技践 现场启动，进行多旋翼无人机某错误安装电机的问题定位及重新调试，直至正常运转

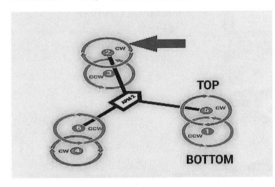

▲若多旋翼某电机未按指定方向旋转

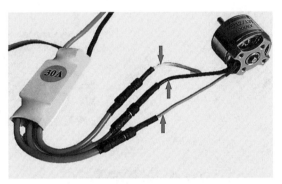

▲只需任意对调电机3根相线中的2根即可

▲电机的安装需要保持水平

▲螺钉过长会顶坏线圈，螺钉过短过旧易脱落

能实技2践 在模拟器上体验多旋翼无人机姿态遥控飞行（美国手）

▲软件中机型要选择Multi-rotors

▲要选择左手油门的美国手硬件

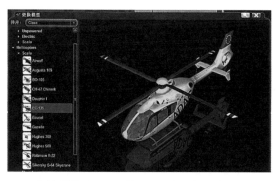

▲多旋翼熟练后，同样手法感受各种直升机

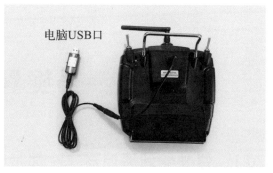

电脑USB口

▲硬件也可以用真遥控器和一根专用线代替

习题

1. 多旋翼有6个自由度，但一般为什么只有4个操作量？

2. 多旋翼姿态模式下，美国手，右手向右压杆，输出的是什么指令？

3. 多旋翼GPS模式下，美国手，右手向右压杆，输出的是什么指令？

4. 在地面站屏幕上增加一个航点，其实是输上去6个自由度中的几个数？

5. 多旋翼某电机运转方向不对，怎么快速调整？

6. 模拟器上，多旋翼与直升机的操作有什么异同？

第20章 多旋翼无人机遥控飞行

20.1 驾驶舱到遥控器——都是4个操作量

人类是在发明有人机后才发明无人机的。尽管之前有竹蜻蜓和纸飞机，那些玩具虽然也能离地，但都只能任其飞翔，不能做到可控飞行。

1907年载人直升机出现，100年来，都是采用4个操作量来飞行的。直升机驾驶员坐在座舱里，通过右手的杆、脚下的舵、左手的总距来控制直升机运动。

虽然今天的无人机大都可以在地面站上设航点飞行，但自驾仪这个大脑也会有发疯的时候，这时我们就要接手控制权。我们要控制多旋翼，就需要把有人机的杆、舵、总距移植到一个随身的面板上，这就诞生了无人机遥控器。

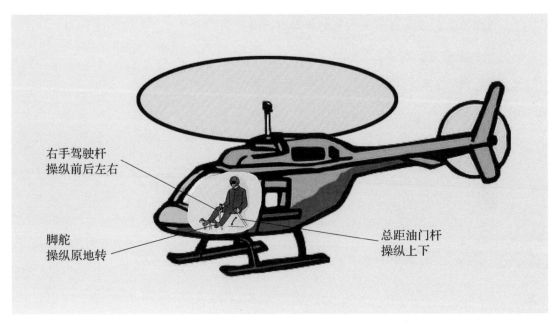

右手驾驶杆
操纵前后左右

脚舵
操纵原地转

总距油门杆
操纵上下

▲载人直升机的4个操作量

20.2 美国手与日本手——门派之争

美国手和日本手本质上只是操纵手法，没有高低贵贱之分，未来的无人机肯定不用手。

但是根据近年来的民用无人机使用实践，业内逐渐倾向于用美国手飞直升机和多旋翼，用日本手飞固定翼。

20.3　遥控起降操纵——以姿态遥控美国手为例

1.起飞训练：

保持机头指向与自己视野方向一致，机头方向指示LED（如果安装）亮起；按照预先设定的规则解锁飞控，缓推油门直到多旋翼无人机开始离地，离地时，由于地面摩擦或者侧风会导致多旋翼无人机初始有偏斜，注意根据偏斜的方向进行修正；待无人机飞到2m高度时调整，保持多旋翼悬停，完成起飞。

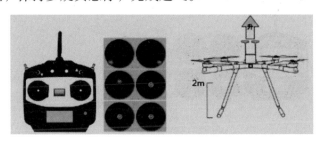

▲起飞的杆量

2.降落训练：

保持多旋翼无人机自动悬停，机头指向与操纵者视野方向一致；缓慢收低油门，当多旋翼无人机缓慢下降时保持油门杆位不动，下降时就不要再过分收油门，确保多旋翼无人机保持缓慢且匀速下降；如果有其他因素导致多旋翼无人机下降过程中偏斜，应提前进行调整，同时也要略微增加油门以补偿调整姿态而消耗的升力分量，等待多旋翼无人机降落；多旋翼无人机落地后迅速把油门杆拉到底，等待电机停转，完成降落。

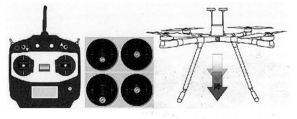

▲降落的杆量

20.4　遥控基本动作操纵——以姿态遥控美国手为例

1.水平移动训练：

起飞，保持稳定高度悬停，机头指向与操纵者视野方向相同；

操纵副翼操纵杆，练习移动多旋翼无人机分别向左和向右缓慢水平移动位置，注意在平移时要根据多旋翼无人机情况适当增加油门以补偿升力的分量损失，确保多旋翼无人机高度不变；

再操纵升降舵操纵杆，练习移动多旋翼无人机分别向前和向后水平移动位置，注意在平移时要根据多旋翼无人机情况适当增加油门以补偿升力的分量损失，确保多旋翼无人机高度不变；

在以上过程中要保持机头指向不变；最后移动到起飞点上空，完成水平移动练习。

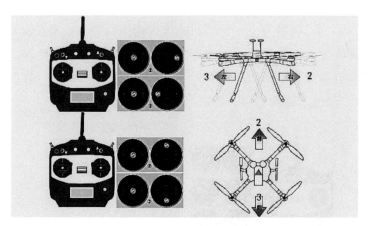

▲水平移动的杆量

2.方向控制训练：

起飞，保持稳定高度悬停，机头指向与操纵者视野方向相同；

缓慢操纵方向控制杆，练习旋转多旋翼无人机方向，沿逆时针方向缓慢旋转1圈或者以上，停止时保证机头指向与操纵者视野方向相同；

缓慢操纵方向控制杆，练习旋转多旋翼无人机方向，沿顺时针方向缓慢旋转1圈或者以上，停止时保证机头指向与操纵者视野方向相同；

最后把多旋翼无人机移动到起飞点上空，完成方向控制训练。

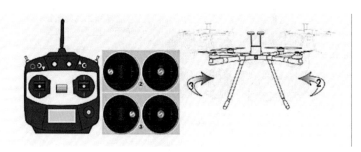

▲方向控制的杆量

 课堂讨论 遥控无人机的功夫，几天能够练成？

技能实践 使用提供的BB响，检测某多旋翼无人机上动力电池组每片电池的电压并找到故障或退化最严重的电芯

BB响全称为锂电池低压蜂鸣报警器。因为它质量轻、声音大，所以飞多旋翼无人机时一般挂载在机上。等它叫的时候，就代表快没电啦，该降落啦。

质量：9g
尺寸：40mm×25mm×11mm
适用：用于1S~8S锂电池检测
电压检测精度：±0.01V
组电压显示范围：0.5~4.5V
报警电压设定范围：
OFF~2.7~3.7V
低电压蜂鸣器报警模式：
2S~8S
1S~8S测试模式电压范围：
3.7~30V

▲BB响的典型指标

▲BB响会依此显示动力电池总电压和每片电压

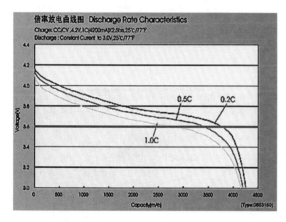

▲动力电池组单体（电芯）在飞行过程中电压缓慢降到3.6 V后，会开始迅速下降。所以BB响的报警电压一般设置为3.6 V

▲同理，充满电后地面测量，如果某电芯（单体）接近或低于3.6 V，或者电压明显低于其他电芯，就代表它坏了。这时如果还用这组电池飞行，就会造成炸机

能实 技·2·践　在机架上进行某多旋翼无人机动力电缆、数据电缆的布线、捆扎与固定

制作一束电缆，大部分人以为把连接器焊对就完事了。哎，还差得远呐。多根电缆芯束还需要捆扎，芯束外侧还需要屏蔽，设备屏蔽还必须与电缆屏蔽网连为一体才能起作用。另外，与连接器连接部位需要灌胶，防止长年累月的震动导致移位而接触短路。在电缆的最外侧，有时还需要护线管来保护。等这一切都做完，我们才能拥有一束合格的电缆。

▲一次性的捆扎一般使用自锁尼龙扎带

▲反复拆装的电池使用魔术贴扎带

▲局部易磨损的电缆使用护线管收纳

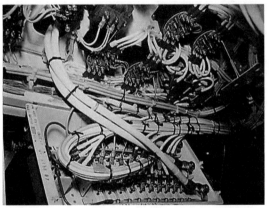

▲大型无人机电缆的敷设、捆扎、固定要麻烦得多

习题

1. 载人直升机的操作与无人多旋翼有什么异同？
2. 多旋翼无人机遥控飞行训练中，对头操作难练还是对尾操作难练？
3. BB响是否能显示动力电池每片单体的电压？
4. 飞行时，动力电池的电压是越来越高，不变，还是越来越低？
5. 多旋翼无人机上反复拆装的电池一般使用自锁尼龙扎带还是魔术贴扎带捆扎？
6. 大型无人机的电缆为什么要捆扎固定？

第21章 多旋翼无人机地面站飞行

21.1 无人机地面站——机场塔台或是手中的遥控器

麻雀虽小，五脏俱全。我们手头的多旋翼无人机再小，那也是1个大系统，这个大系统又被分为机、站、链3个分系统。

大型无人机的地面站系统很大，小型无人机的地面站系统很小。

无人机地面站系统是整个无人机系统的指挥控制中心，也称控制站、遥控站或任务规划与控制站。人们设计了各种类型的地面站，来辅助驾驶员驾驶飞机，以及对无人机的各种飞行数据和任务设备状况等进行实时监控，以方便任务作业或在应急情况发生时能够及时地采取相应处理措施来保证无人机的安全。

▲美军大型无人机地面站的舱内

▲最小的地面站就是个遥控器

21.2 遥测与遥控——信息向下还是信息向上？

一套行业级多旋翼无人机地面站，硬件部分一般包含地面站计算机（可以是手机或iPad）、遥控器，以及其他各类显示屏、数传地面模块、图传地面模块等。

多旋翼无人机地面站软件主要指的就是飞控地面站软件，有些系统还有专用的任务地面软件（比如用于野外测绘的后期拼图）。

这么多硬件和软件，我们会从概念上把它们分成两大部分，所有跟"飞机向地面传递信息"有关的，我们把它归入遥测子系统（显示）；所有跟"地面向飞机传递信息"有关的，我们把它归入遥控子系统（操纵）。遥测、遥控加起来就是测控，所以西安卫星测控中心和远望5号测量船可以说成是神舟飞船的地面站。

21.3 地面站飞多旋翼无人机——就是点点儿

地面站飞多旋翼无人机的状态下，其实是自驾仪在飞。

自驾仪会根据地面站发给它的目标点，操纵前后、上下、左右、转向4个操作量，改变姿态，进而改变位置，飞到目标点去。

▲起飞前，在屏幕上点出2、3、4、5、6…航路点，组成航线；每个点都会自动生成经度、纬度、高度3个设定的数；拨动"起飞"开关；多旋翼起飞到"1"点（当前点）悬停

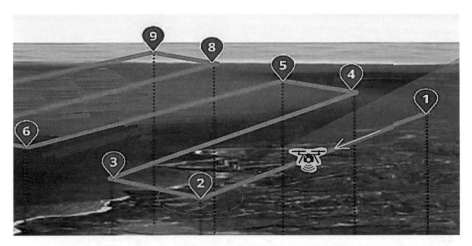

▲拨动"go"开关，自驾仪目标变成了"2"点，多旋翼向"2"飞去

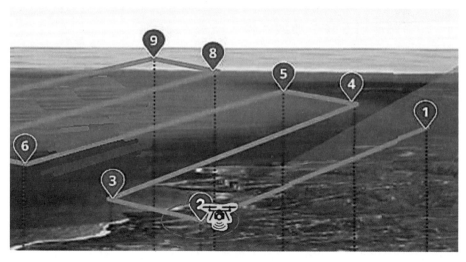

▲当多旋翼无人机撞到"2"点半径为5m的圈子里，自驾仪目标切换变成了"3"点

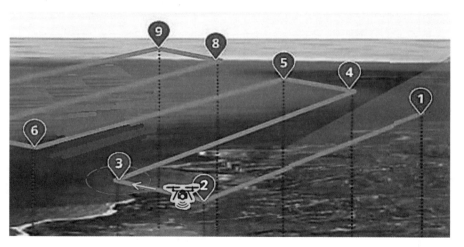

▲此时自驾仪会把"1""2"点忘记，它心里只有"3"点，会向"3"径直飞去

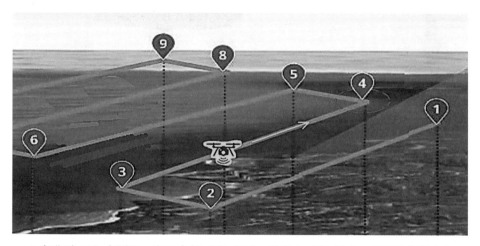

▲当进到"3"点圈里，它又会把"3"忘掉，径直向"4"飞去，直到飞完所有点

堂讨课论 地面站能设定多少航线？多少航点？

能实技践 围绕某地面站笔记本电脑，模拟进行遥控发射机、地面数传电台、地面数传天线、地面图传电台、地面图传天线的位置布置

无人机地面设备的摆放问题，本质是避免不同无线电设备之间的干扰。尽管频段可能不同，但是一样会有距离的压制，并且有些天线只接收，比如图传；有些设备只发射，比如遥控发射机；有些设备又收又发，比如数传。我们要尽量做到彼此的波瓣不打架，简单地说，就是互相摆得远一点。

天线的形式不同，增益（距离）大小也不同。鞭状天线增益小，但是范围广，像个大苹果；抛物面天线增益大，但是范围就是个手电筒光柱，一定要对准。具体用哪种天线，要看去干啥。（天线增益每增大6dBi，距离翻一倍，但收发范围会小一圈）

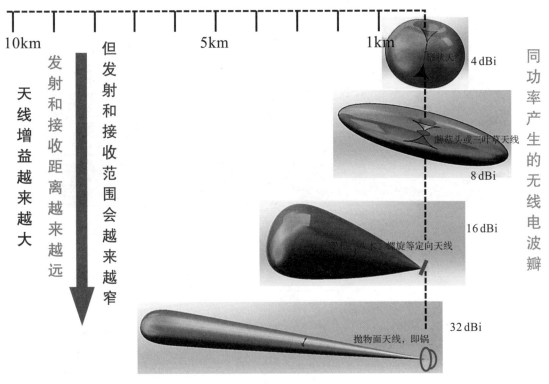

▲各种天线的波瓣

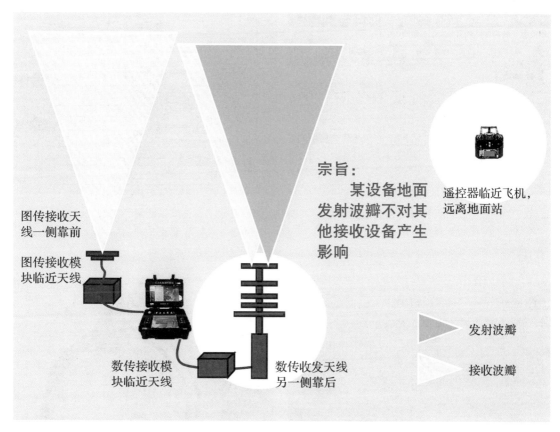

▲地面设备典型位置布置（天线不同，方式可能不同）

能实 技2践 在地面站电脑中将某地面数传电台模块连接至COM3；连接电脑，进行某对数传电台的波特率设置

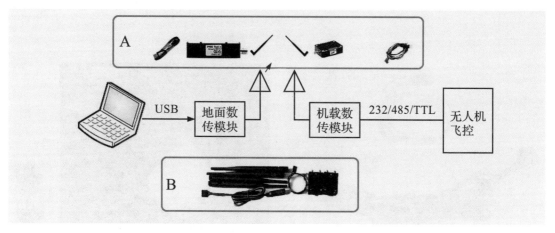

▲数传模块都是成对使用的。有的地上模块大，天上模块小（A）；有的天地模块一样小（B）

由于同一地域可能会有多架无人机在飞行，大家也可能选用同样的数传电台硬件。所以在真正飞行前，我们需要将一对两个数传电台都连接电脑进行配置。

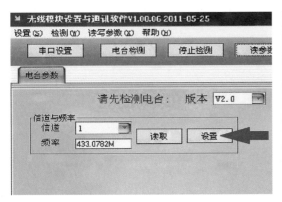

▲重新设置信道，可以和其他无人机错开频率，以增大我们的接收距离

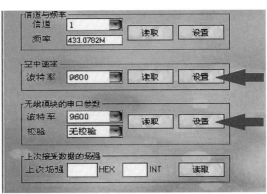

▲设置波特率，可以保证两个电台说话与听话速度一样快，这样才能正常通信。当前大家都习惯于把波特率设置成57 600

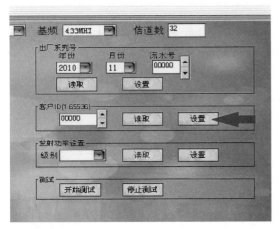

▲重新设置ID，就像设置暗号一样，这样可以保证即使频率一样，但其他人却接收不到我的数据

▲要想设置电台，必须把天上、地下两个模块都通过专用的设置线和电脑相连，这时就像在电脑上连接其他设备一样，得找到合适的COM口来打开设置软件

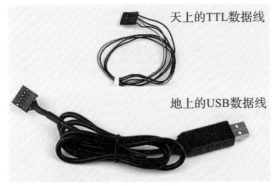

▲设置完电台后，天上的模块通过专用通信数据线和飞控连接；地上的模块通过专用通信数据线和地面站电脑连接

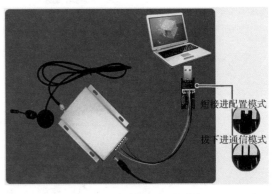

▲多数电台，地上的配置线和通信数据线不是同一根；少数电台是同一根，但配置和通信模式也得切换一下

习题

1. 大型无人机地面站都有哪几个席位？

2. 遥控与遥测有什么区别？

3. 航线与航迹有什么区别？

4. 在不停顿的航线飞行中，无人机会准确地经过每个航点的位置吗？

5. 同样功率的全向与定向天线，谁的作用距离远？

6. 设置电台ID号，有什么用处？

第22章　多旋翼无人机任务系统

22.1　多旋翼无人机的用途——换个角度干所有事情

我们拍照、摄影、送快递、洒农药、打枪、扔手榴弹多少年来都是在地面进行的。

多旋翼无人机的平民化，给所有人、所有行业都带来了一个换角度的机会，"原来还可以这么干？"

所以多旋翼无人机的用途只有你想不到的，没有它办不到的。

▲军用用途：不但能安98K，还可以安RPG

无人机民用领域	农业	农业植保、农作物数据监测
	电力石油	电力巡线、石油管道巡检
	检灾	灾情监测、应急指挥、地震调查
	林业	森林防火，森林灾害防治、保护区野生动物检测
	气象	大气取样、人工降雨
	国土资源	矿产资源勘探、国土资源开采
	警用	交通巡逻、边境巡视
	海洋水利	海洋环境监测、水资源开发、生态环境保护监测
	测绘	测绘、航空摄影测量
	城市规划	城市规划、市政管理

▲民用领域：近年来，每年平均新增十几种用途

22.2 多旋翼无人机最多的任务——就是个民用侦察机

军用侦察机用来拍敌方照片或视频，叫态势感知。

民用多旋翼无人机干得最多的事，也是拍照片与拍视频。

斜着拍视频的任务一般叫航拍，成果主要是片子。直着向下拍照片的任务一般叫航测，成果是地图。

▲航拍主要要美！斜着拍

▲航测主要要准！这是用正射航片拼出的地图

　　航拍又称空中摄影或航空摄影，可以不受地面障碍物的遮挡，清晰地俯瞰并记录拍摄对象的外部信息。在影视制作宣传、环境保护和自然灾害监测等领域，展现了其高效率采集影像信息的优越性。

　　航测，也叫摄影测量与遥感，属于测绘科学中的遥感科学。它要解决目标的几何定位，并提取目标对象的几何与物理特征信息。由于它的科学性、技术性、应用性、服务性涉及广泛的科学技术领域，因此，它的应用已深入到经济建设、社会发展、国家安全和人民生活等各方面。

22.3　航拍的任务系统——3轴稳定云台

　　其实航拍和航测都会用到云台，航拍用的是3轴稳定云台，航测用的是对地正射云台（一般是2轴稳定的）。航测技术复杂一些，我们在这里重点讲一讲大家都用的航拍云台。

　　为什么跑步时拍视频不清楚？因为姿态不稳定。

　　三维空间的一切物体都具有6个自由度，即沿x、y、z三个直角坐标轴方向的移动自由度（位置）和绕这三个坐标轴的转动自由度（姿态）。因此，要在运动的平台上拍清楚东西，必须将姿态稳定住。

　　3轴稳定云台就是个给摄像机稳姿态的设备，它在3个轴上各安装1个能按照飞控姿态信号反向转动的力矩电机或舵机，这样无论无人机如何机动，摄像机都是稳定的。

▲动物的头部早就进化出了3轴稳定，云台的英文名就叫head

▲现代坦克的炮管也是3轴稳定的

▲拍电影的摇臂和小车也是为了3轴稳定　　　　　▲多旋翼无人机的头子也是3轴稳定的

22.4　农林植物保护者——植保无人机

由于多旋翼无人机载重比例在各种飞行器当中名列前茅，其载荷在整机质量占比达到甚至超过50%；同时，完全电动力使其维修成本和使用成本都远低于同载重的直升机和固定翼，这两个特征使得田间农药喷洒成为可能。目前的农药喷洒无人机，具备6 L、10 L、16 L、20 L、25 L、30 L等多种载药能力，至少可以满足一次充电喷完全部农药的需求。当前理想情况下，其作业效率可达500~1 000亩/天，喷洒消耗的电池成本为0.5~1元/亩，在农业领域有着广阔的应用前景。

农药喷洒无人机一般具备全自主和半自主作业规划和执行能力，具有实时视频传输、仿地和避障等功能。农药的喷洒速度可以随飞行速度自动调整，以保证喷洒的均匀性。目前植保无人机已经大多接入云系统，可以方便随时查看作业过程记录，并监控其飞行状态。

▲植保无人机

现代坦克炮管为什么要稳定？

现场使用零部件组装某 3 轴稳定云台主体结构

3轴云台的每个轴，有用舵机稳定的，也有用电机稳定的。

3轴云台正着使用就是手持云台，倒着使用就是无人机云台。

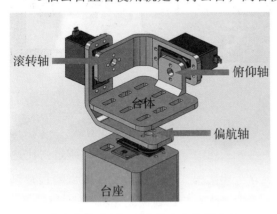

▲台座装在载具上，台体上安装摄像头

▲安装偏航轴舵机

▲安装偏航框架

▲安装滚转框架

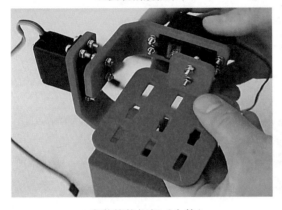

▲安装俯仰框架（台体）

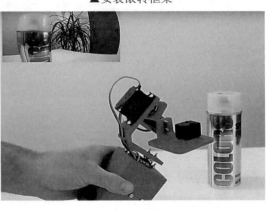

▲装上摄像头就可以耍啦

现场进行某植保无人机喷洒系统管路连接

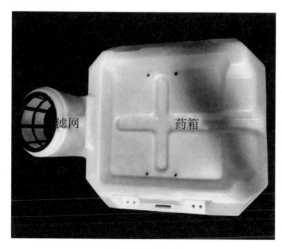

▲药箱及顶部滤网

▲ 药箱底部水泵及施药测高雷达

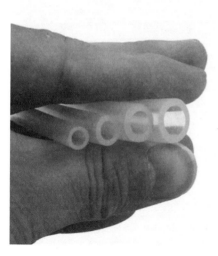

▲不同粗细的药管

▲喷嘴

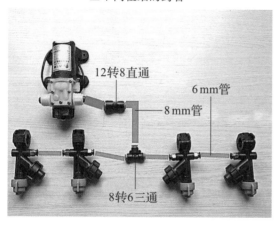

▲典型管路连接

▲全系统效果

习题

1. 航空测绘中，垂直摄影和倾斜摄影分别用来干什么？
2. 3 轴稳定云台的 3 个轴是什么？
3. 手持云台和机载云台有什么区别？
4. 什么叫航片的重叠率？
5. 巡检无人机和测绘无人机的航线有什么明显区别？
6. 植保无人机的测高雷达是用来干什么的？

第23章　固定翼飞行器设计拓展

23.1　固定翼飞机的主要布局——发挥你的想象力

固定翼飞机中常规布局、无尾布局、鸭式布局、双尾撑布局4类占95%以上。

23.2　常规布局——普通的就是最好的

常规布局占了4大类布局中的大多数。目前所有民用大型客机，美、俄的主要战斗机，民用通航飞机，大型军用无人机，3~30kg级别的固定翼无人机，航模飞机多数属于这种布局。常规布局综合性能最好。

▲法国A380客机

▲俄罗斯T-50战斗机

▲美国塞斯纳通航小型飞机

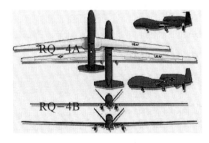
▲美国"全球鹰"无人机

▲美国"捕食者"无人机

▲ 2kg小航模

23.3　无尾布局——我就是个片片

法国"幻影"系列战斗机、大型隐身无人机、3kg以下的泡沫无人机多数属于无尾布局。大型无尾布局结构质量轻，隐身性能好。小型无尾布局结构简单，便宜。

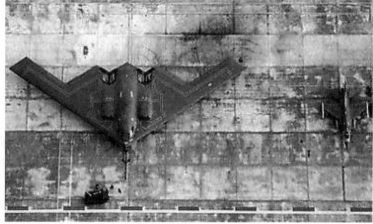

▲美国X-47隐身无人机　　　　　　　▲美国B-2隐身轰炸机

▲法国"幻影"2000战斗机　　　▲1 kg级ebee泡沫无人机　　　▲3 kg级单兵无人机

23.4　鸭式布局——都说我降落时像鸭子

中国J-10、J-20战斗机，欧洲"台风"战斗机，法国"阵风"战斗机，瑞典"鹰狮"战斗机属于鸭式布局，少数民用通航飞机属于鸭式布局，中国"彩虹-3"无人机也属于这种布局。鸭式布局具有高机动性。

▲法国"阵风"战斗机　　　　▲瑞典"鹰狮"战斗机　　　　▲中国J-20战斗机

▲欧洲联合"台风"战斗机　　▲法国IBIS通航小飞机　　▲中国"彩虹–3"无人机

23.5 双尾撑布局——谁砍了我的后机身

　　30 kg~3 t的无人机多采用双尾撑布局。双尾撑在长航时飞机设计中具有结构质量优势。

▲意大利"亚当"通航飞机　　▲二战P–38"闪电"远程战斗机　　▲30 kg级无人机

▲北京航空航天大学1t级长航时无人机　　▲3 kg级无人机　　▲西北工业大学300 kg级无人机

23.6 固定翼飞机的创新布局设计——未来航空工程师

　　如果说飞机设计是一种艺术，那么布局设计就是同学们最能抒发自己灵感的地方。科学技术在不断进步，只有想不到的，没有做不到的，在你最有想象力的年纪，未来的飞机设计师、航空工程师们，激发你的小宇宙吧！

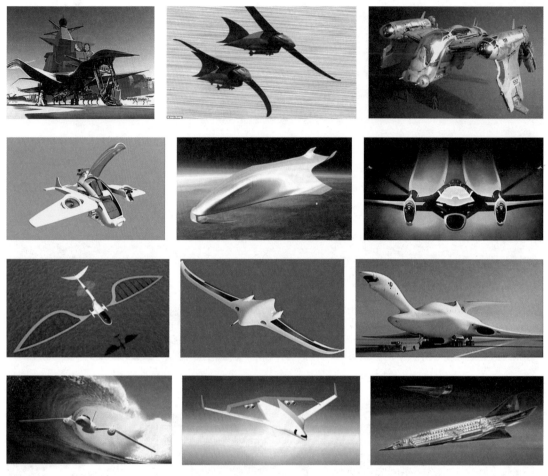

▲固定翼创新设计

 堂课 讨论 设计一架小型固定翼无人机并自动驾驶飞起来难吗?

技 能 实 践 通电状态下,找到现场提供的固定翼平台 1 个以上机械问题

(平台本身有3处以上错误,包括飞控安装方向、控制反馈方向、舵面开度等。)

▲固定翼飞控安装要保证机头方向

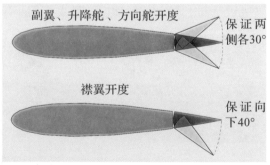

副翼、升降舵、方向舵开度　保证两侧各30°

襟翼开度　保证向下40°

▲不同舵面的开度得有所保证

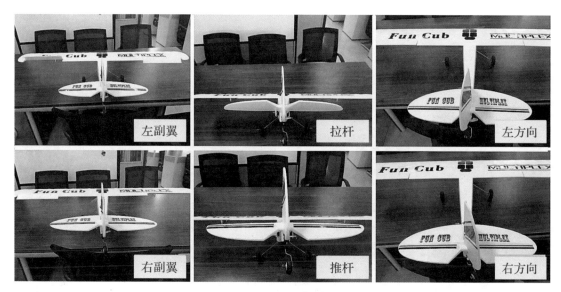

▲各操纵舵面动作要正确；姿态模式下舵面反馈方向要正确

能实技2践 提供一条 10 线的电缆，相同颜色，中间用屏蔽套遮盖，两边电芯标号，中间有做好的短路和断线，测量其对应关系，分别找出短路和断线位置

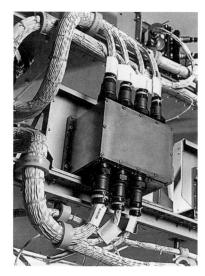

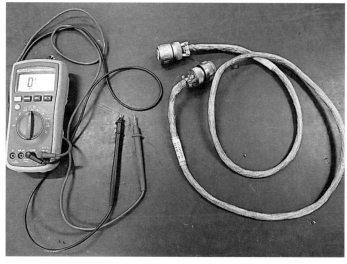

▲大型无人机每根电缆上芯数较多，因此多采用同色电线

▲电缆外侧时常会包裹电磁屏蔽套，此时要测量内部线路的通断，必须观察两端插头上的插针标号，并同时参考线缆敷设图

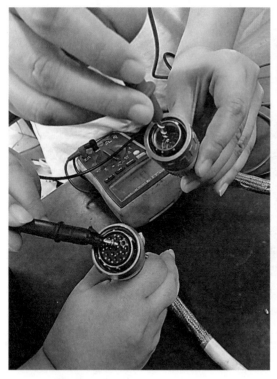
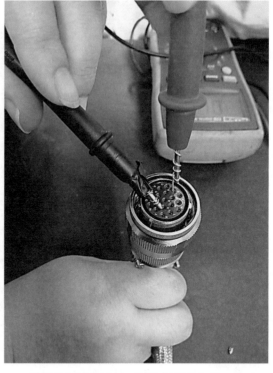

▲测量两侧插头对应插针判断内部是否断路　　　　▲测量单侧插头随机两插针判断内部是否短路

习题

1. "全球鹰"是什么布局的无人机?
2. 无尾布局无人机怎么实现俯仰操纵?
3. 鸭式布局无人机怎么实现俯仰操纵?
4. 一般来讲,同起飞质量的常规布局无人机与双尾撑布局无人机,谁的机体结构质量较轻?
5. 襟翼的开度和副翼的开度有什么不同?
6. 为什么大型无人机电缆的插针必须有标号?

第24章　旋翼飞行器设计拓展

24.1　多旋翼飞行器的主要布局——节肢动物

多旋翼飞行器可以以旋翼的排列形式进行气动布局分类。从数量上分有3旋翼、4旋翼、6旋翼、8旋翼、12旋翼等，从结构和分布位置上分有X形、Y形等，还有平面分布和上下分布之分。

24.2　主流——X形布局

X形多旋翼无人机是目前最常见的，尤其是小尺寸4旋翼，由于结构简单，受到很多人的喜爱。虽然单纯从气动上考虑，旋翼越大，效率越高，那么大4旋翼肯定比大6、大8旋翼好。但是因为电机价格、安全性、结构效率、整体最大尺寸等原因，当前大型的航拍无人机较多采用6旋翼、8旋翼。另外，X形6、8旋翼的动力系统具备冗余能力，即在一个电机损坏的情况下可以继续飞行，这是优于4旋翼的功能。

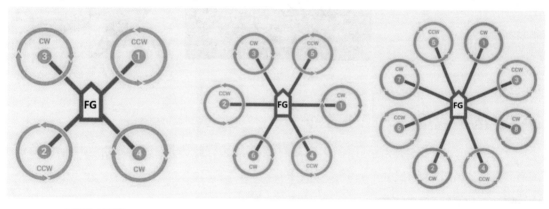

▲X形4旋翼　　　　　　▲X形6旋翼　　　　　　▲X形8旋翼

此外，还有一种特殊的X形布局，也称H形布局。H形气动布局多旋翼优点在于比较易于设计成折叠结构，看起来也比一般X形厚重，又拥有与其相当的特点，结构简单，控制方便，因此受到广泛的青睐。

▲H形多旋翼无人机折叠状态

▲H形多旋翼无人机使用状态

▲H形消费类多旋翼无人机

24.3　三加一——Y形布局

Y形气动布局多旋翼无人机优点在于使用的动力组较少，所以成本方面有优势，但是不成对的那个旋翼上需要使用一个舵机用于平衡扭矩，这会增加机械复杂性和控制难度。Y形构型看起来还是很"酷"，并且视野开阔，所以部分"穿越机"形式的多旋翼无人机会选择这种布局。

▲Y形成品机

▲Y形组装机

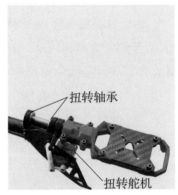
▲Y形布局的安装舵机抵消扭矩

24.4　适于载重——上下分布

上下分布多用于体积受到限制，但是对载重量又有较大需求的场合，使用3旋翼或4旋翼的尺寸可以做到6旋翼和8旋翼的载重量。

▲H形上下分布12旋翼

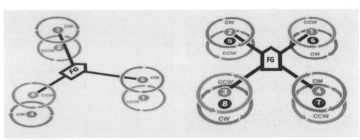
▲Y形上下分布6旋翼　　▲X形布局上下分布8旋翼

24.5　百花齐放——其他布局

▲可实现6自由度操纵的布局

▲变形手表多旋翼无人机

▲重叠X布局飞行摩托

▲自组合多旋翼群

▲爬行/飞行两栖机器人

▲无人车/多旋翼转换型载具

24.6　多旋翼无人机的创新布局设计——明日航空工程师

　　飞行器设计是一门艺术，其中，布局设计就是大家灵感碰撞的舞台。人类技术在不断进步，只有想不到，没有做不到，在天马行空的年纪，明日的飞机设计师、航空工程师们，爆发吧！我们期待你的参与与努力。

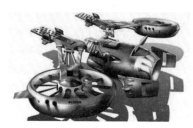

▲多旋翼无人机创新设计

堂讨 **课论** 设计一架小型多旋翼无人机并自动驾驶飞起来难吗?

能实 **技践** 进行某对 9 针 232 串口插头的焊接与绝缘操作

　　9针串口即RS-232接口,是由电子工业协会所制定的异步传输标准接口。通常RS-232接口以9个引脚（DB-9）或25个引脚（DB-25）的形态出现。我们经常会在无人机机载设备或地面站设备的连接中使用DB-9。

▲DB-9串口插头的外观

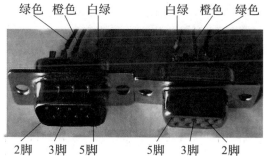

绿色　橙色　白绿　　　白绿　橙色　绿色

2脚　　3脚　　5脚　　　5脚　　3脚　　2脚

▲232串口三线制接法

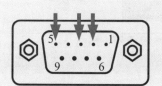

DB9 母头定义

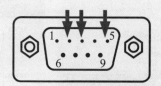

DB9 公头定义

母头

引脚顺序	引脚作用+名称	
1	数据载波检测	DCD
②	数据发射	TXD
③	数据接收	RXD
4	数据设备准备	DSR
⑤	地	GND
6	数据终端准备	DTR
7	清除发送	CTS
8	请求发送	RTS
9	振铃指示	RI

引脚顺序	引脚作用+名称	
1	数据载波检测	DCD
②	数据接收	RXD
③	数据发射	TXD
4	数据终端准备	DTR
⑤	地	GND
6	数据设备准备	DSR
7	请求发送	RTS
8	清除发送	CTS
9	振铃指示	RI

公头螺母

▲串口在无人机设备之间是用来通信的，所以我们最常用的就是2、3、5针

能实
技2践 基于飞控错误的某 4 旋翼无人机教具电机运转异常现场分析及故障排除

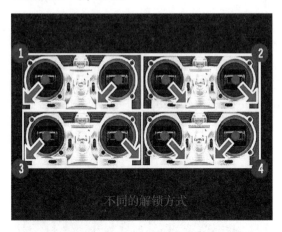

▲飞控始终无法解锁，电机根本不转动，造成的原因可能是飞控、遥控器联调中，通道行程量不对

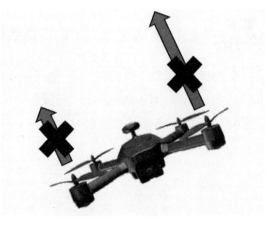

▲离地，飞行器倾斜后，电机的反馈加减速正好相反，可能是因为飞控安装反了

▲某多旋翼无人机更换飞控后，离地，电机乱转不受控制，有可能是这台飞控的机型选择和本机不匹配

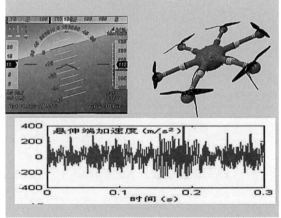

▲如果飞行中飞机姿态逐渐不正常，电机开始乱转，飞控姿态仪显示和实际飞行器不符，可能是飞控安装位震动过大所致

习题

1. 当前最主流的四旋翼布局是十形布局还是X形布局？

2. X形布局和H形布局多旋翼，一般谁更便于折叠？

3. Y形布局多轴，不对称的那个轴上为什么要安装一个舵机？

4. 旋翼上下分布的多轴，一般上下两个桨转动方向相同还是相对？

5. 串口插头都是9针吗？

6. 多旋翼无人机飞行前，一般通过什么方式解锁？

附录　课堂讨论参考答案

 人粘上羽毛为什么飞不起来？

参考答案：

一般的载人飞行器飞离地面至少需要20 hp的持续输出功率，而我们成年的雄性智人持续输出功率只能达到0.2 hp。

但是，把人缩小为现在的千分之一，不粘上羽毛也能飞起来。因为空气是由一个个分子组成的，分子大小不变，飞行器越小，感受到的空气黏性越强，所以蝴蝶虽然只有很柔弱的肌肉，但是它一样可以轻松飞起来。这是因为，它不是在"飞"，而是在黏稠的"蜂蜜"中"游泳"。

▲坠落中的伊卡洛斯

▲蝴蝶轻松地在空气分子小球中"游泳"

 机器人的智力什么时候超过人类？会有危险吗？

参考答案：

对人工智能的安全问题，人类历来有弗兰肯斯坦情结。

英国小说家玛丽·雪莱的小说《弗兰肯斯坦》讲述了一位理工科学生创造了一个科

学生物，这个生物最终变成了杀人狂。

人工智能会不会在超越人类智力后，与人类作对呢？美国奇点大学校长雷·库兹韦尔预言，这个节点会出现在2045年。

但《人工智能》一书的作者多梅尔认为，不在于人类是否能设计出比自身好的东西，而在于政策是什么，以及人们决定要用技术去做什么。

就当前的人工智能技术来看，机器的一切运算和行为都是预先制定的，计算机的所谓"智能"只是用来判断执行条件，其判断逻辑和判断后的输出结果都是工程师预先设定的程序。因此，我们目前看见的所谓"人工智能"还只是单纯地执行任务的机器，而不是具有行为创造力的机器，不可能主动产生危害人类的思维，除非被非法的人所控制。

▲机器人有伤害人类的能力吗？有！

▲必须要把"阿西莫夫机器人学三定律"写到软件中去

 堂讨
课3论　台风来了，是关窗，还是开窗？

参考答案：

我生在西北，从小没见过台风，但老听说台风把浙江沿海的房子房顶掀翻的事，当时我就想，当地房屋肯定太像苏州园林，房檐太长。长大后，到了浙江，才发现那里的房子根本没有房檐，那是怎么被掀翻的呢？

以教室为例，200㎡的面积，房顶上面1个大气压，向下2000t压力，彩钢屋顶质量为1t。屋子里也是1个大气压，向上2000t压力，2000+1>2000，安全。

台风来了，屋顶上十级大风，风速100km/h，这时你关掉周围所有的双层玻璃窗户，屋里还是1个大气压，2000t向上。屋外100km/h的风速里气压只有0.8，1600t。加1t房顶质量也只有1601t，1601<2000，这399t拉力全部作用在固定屋顶的几个螺栓上，终于"嘣、咔嚓"屋顶飞啦，这就是伯努利原理。

▲台风中关紧窗的后果

▲日本的防台风房子，干脆就不要屋顶

 直升机怎么向上飞？怎么原地转方向？

参考答案：

直升机向上飞：固定翼的油门杆在直升机操作上叫总距杆，提总距杆，自动倾斜器会让旋翼转一圈的迎角都增大，升力大了，直升机上升。

直升机原地转方向：忘了屁股上有个侧向安装的尾桨吗，它是向侧向使劲的，蹬脚舵，尾桨就会变迎角，尾桨使的劲大小变了，直升机就原地转向了。

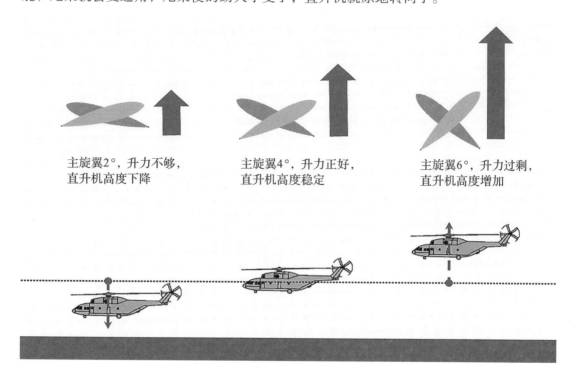

主旋翼2°，升力不够，
直升机高度下降

主旋翼4°，升力正好，
直升机高度稳定

主旋翼6°，升力过剩，
直升机高度增加

▲主桨变矩实现升降

尾桨2°，反扭力矩不够，直升机左转

尾桨5°，反扭力矩正好，直升机航向稳定

尾桨10°，反扭力矩过剩，直升机右转

▲尾桨变矩实现原地左右转

 固定翼无人机和巡航导弹有什么区别？一套无人机系统有多贵？

参考答案：

当我们给固定翼无人机装上战斗部，设定在目标区域撞地，这就是一个慢速的巡航导弹。

当我们给巡航导弹装上回收降落伞，在它没击中目标时命令它回收，那么它一定意义上就是一架无人机。

现实中也确实有这种交集中的固定翼飞行器，叫做巡飞弹。

参考答案：

美军"捕食者"无人机不含地面站，2400万元。

中国同规格"翼龙"无人机不含地面站，600万元。

美军小型廉价单兵四旋翼无人机，全套价格6万元。

中国同性能DJI"精灵"无人机，全套价格7000元。

▲"弹簧刀"巡飞弹

▲俄罗斯在叙利亚战场缴获的恐怖分子制造的攻击无人机，号称"穷人的轰炸机"

课堂讨论 6　火箭推重比为多少？直升机推重比为多少？

参考答案:

一定都大于1。

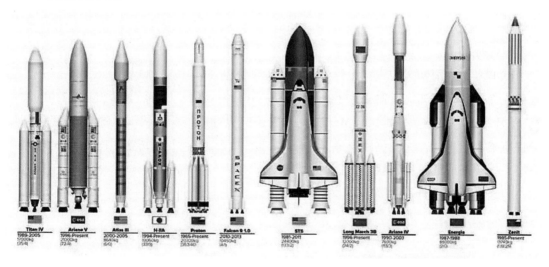

▲火箭推力不大于重力，是不可能离地的

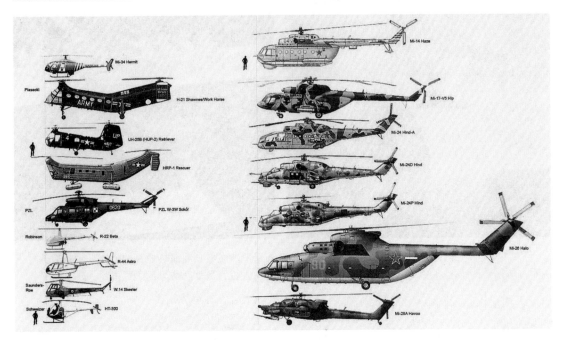

▲直升机主旋翼拉力不大于重力，是不可能离地的

课 7 堂 讨 论 **最早的载人直升机啥样子?**

参考答案:

1907年，法国知名的飞机设计师布雷盖兄弟制造了第一架"Gyroplane"——载人多旋翼式飞行器，这架飞行器重578 kg，配备有40 hp发动机，布置了4个直径8.1 m的主旋翼，8月24日，布雷盖安排试飞员沃鲁玛驾驶这架飞行器进行了试飞，在4个助手的帮助下进行了系留飞行，大约仅跳离地面0.6 m，水平飞行距离1 m，留空时间1 min，这是人类第一次实现旋翼飞行器载人飞行。

但是布雷盖飞行器的稳定性和操纵性都不佳，只能算是勉强升空，不能有效地控制自由飞行。

▲现收藏在巴黎工艺博物馆的布雷盖多旋翼飞行器

▲1907年布雷盖多旋翼飞行器试飞时的老照片

课堂讨论 8　鸟类、蝙蝠的翅膀（机翼）结构有什么区别？

参考答案：

鸟和蝙蝠都是脊椎动物，骨头和人都差不多。鸡根翅是大胳膊，鸡中翅是小胳膊，这两部分组成内翼面；翅尖是愈合在一起的手，组成外翼面。

蝙蝠和鸟唯一的不同是手部没有愈合，指头和之间的膜组成外翼面，所以在生物分类上，蝙蝠属于翼手目。

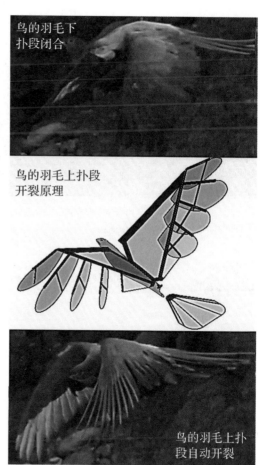

▲蝙蝠的扑翼结构能动的骨头比较多，所以飞行起来比鸟更灵活

▲鸟的扑翼结构由于有羽毛的存在，下扑时翼面闭合，上扑时翼面自动开裂，总的扑动阻力小，所以飞行起来比蝙蝠更省力

昆虫飞得快还是穿越机飞得快？

参考答案：

任何一种昆虫，包括鹿马蝇、天蛾、马蝇和几种热带蝴蝶在内，其持续飞行的最高速度为39 km/h。

飞得最快的昆虫是澳大利亚蜻蜓，它短距离的冲刺速度可达58 km/h。

目前穿越机的最快速度接近300 km/h。

▲蜻蜓是昆虫中的战斗机　　　　　　▲但它的速度还是远远赶不上多旋翼穿越机

多旋翼和电磁炮有什么关系？

参考答案：

二者都是电动系统，都使用电机。许多线圈围坐在一起的是普通电机，许多线圈排成一队的是直线电机。

安装1个普通电机当后轮的是电动自行车；安装4个普通电机当轮子的是特斯拉电动车；8辆特斯拉连在一起，在普通铁路上跑，每节车厢都能动，叫动车；跑在高速铁路轨道上的动车叫高铁。

把线圈从北京到天津排队铺上200 000匝，上面放一个铝块，一按钮打到天津，这叫磁悬浮；把线圈在辽宁号航母上排队铺上2 000匝，把战斗机挂上去，一按钮打出去，这叫电磁弹射；把线圈在155驱逐舰主炮上排队铺上200匝，上面放一个铝块，一按钮打出去，这就是变形金刚里的电磁炮。本质就是直线电机。

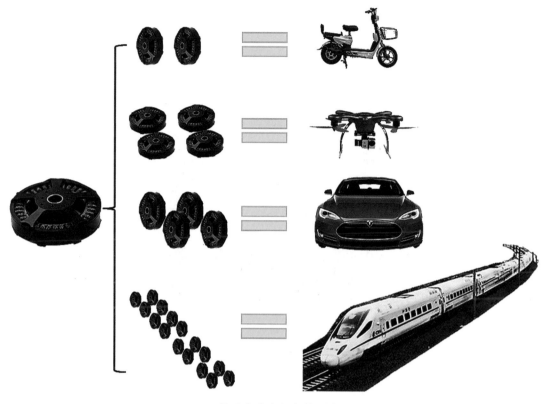

▲普通盘式电机都能干啥

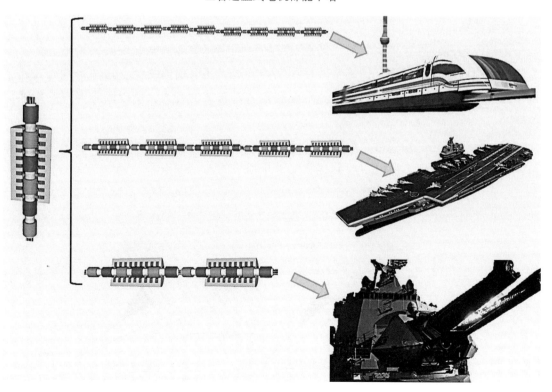

▲直线电机都能干啥

课堂讨论 11 生物身上的脂肪有多大能量密度？

参考答案：

10 000 W·h/kg，是电池的200倍，所以鸟远比同尺寸电动飞机飞得远。

▲野生环境中，脂肪这种高能电池非常重
要，因此动物界的胖子是很吃香的

课堂讨论 12 固定翼螺旋桨和多旋翼螺旋桨有什么区别？

参考答案：

多旋翼与固定翼螺旋桨的最大区别是桨距，固定翼桨陡一些，多旋翼桨平一些。因为固定翼边转边前进，除了螺旋桨转动诱发的气流，还有前向气流，这两个气流之和才是真的来流方向，要和这个斜的来流形成迎角才有合适的升力，所以固定翼螺旋桨都是很陡的。

多旋翼主要是悬停飞行，螺旋桨的来流是在旋转平面内的，和这个平的来流形成迎角就会有合适的升力，所以多旋翼螺旋桨都是很平的。

小窍门：一般桨距在桨径一半以上的是固定翼桨，例如12×7、12×9、12×10。一般桨距在桨径一半以下的是多旋翼桨，例如12×3、12×4、12×5。

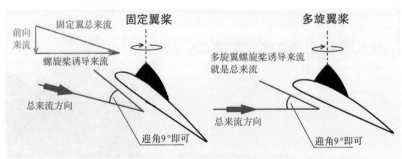

▲总的来讲，固定翼螺旋桨陡一些

堂讨 课 13 论 生产线上的机械手有几个自由度？V−1 导弹只能沿直线平飞，怎么能炸到敌人？

参考答案：

最简单的电钻只能上下动钻眼，1个自由度。

有些高级台钻还可以左右移动，2个自由度。

如果再加上前后移动，3个自由度，这时把钻头换成铣刀，这就变成了一台CNC机床，可以铣出带高低的中国地形图来。

有些高级CNC铣刀还可以左右摆动，4个自由度，这时就能铣出一个光溜溜的水沟啦。

如果这个铣刀还同时可以前后摆动，5个自由度，这时便可以直接铣出一口锅。

我们还不满足，把铣刀换成镗刀，这个不能高速旋转的镗刀却可以像人拿螺丝刀松紧螺钉一样慢慢调速按角度左右转，这回终于可以深入到一个金属空腔内部去"掏耳朵"啦。这回刀头终于能够达到空间任何位置，并且摆出任何姿势，我们的手臂型工业机器人就这样诞生了，看看，6个自由度的！

参考答案：

算好法国海岸到英国伦敦的距离，除以V−1导弹的速度，对准航线发射，到时间，推杆俯冲爆炸。

根据航向和航速，计算飞行位置的方法就叫惯性导航与航迹推算。V−1导弹上会有一个最早的、打纸带的计算机来计算位置数据，也就形成了最早的飞行器导航子系统。

垂直陀螺和机械罗盘其实只是飞控子系统。2个子系统在一起就是自驾仪，只是今天我们经常把它们一起简称为机载飞控。

▲能达到任何位置（3个自由度），摆出任何姿势（3个自由度），就是一个6自由度手臂型工业机器人

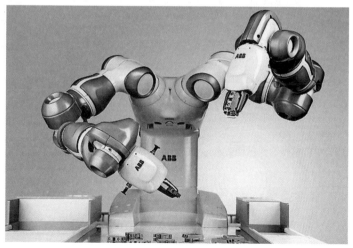

▲那么，长两个手臂，像人一样，一手拿工具，一手拿零件，一共12个自由度，这就是当今最高级的机器人

▲启动垂直陀螺和机械罗盘，瞄准伦敦，发射；根据速度、时间计算位置，到了伦敦就自动推杆　▲当年伦敦市民拍到的V-1推杆俯冲照片，摄影师当时就遇难了

堂讨课14论 航天员在宇宙中怎么知道姿态？视力、内耳、肉体，哪个传感器还有作用？

参考答案：

宇宙中会失重，但视力没问题，看着周围的飞船，就能知道自己的姿态了。

宇宙中会失重，但半规管和半规管里的水还在，所以即使闭眼，也知道自己转不转。

宇宙中会失重，没有重力就没有重力加速度，肉体算是失效了。

▲看着地球和飞船，还是能判断出自己的姿态的　▲但失重后，肌肉的感知力消失了

堂讨课15论 中国人为啥没能环球航行？

参考答案：

虽然我们有指南针，能确定方向，但那是姿态量，跑到茫茫大海上，一样不知道自己具体在哪。

西方文艺复兴后，地理学和机械学都有长足进步，六分仪和罗盘（精密指南针）使他们既知道方向又知道确切位置，所以可以跑得更远。

　　另外，古代我们作为中央帝国，地大物博，家里最好，实在没有欧洲人那种出去抢的理由。

　　尽管我们的科技和文化在之前的那4500年在世界上遥遥领先，但这后500年，我们却慢慢落后了。今天我们要一起努力实现伟大复兴，回归到我们在世界上的正常水平，像那4500年一样。

▲首先，家里有矿，不用像欧洲人一样急着出去抢

▲老祖宗的东西升级太慢

课堂讨论 16　电传操纵这么好，有人机为什么不安装？

参考答案：

　　高级点的战斗机从二十世纪六七十年代美国F－16开始逐步都安装电传系统，我们歼－20就是电传的。

　　民航客机里欧洲的空中客车飞机都是电传的，后期的波音飞机也慢慢变成电传。

　　随着技术发展，有人机其实也安装自驾仪减轻人类负担。由于自驾仪最适合电传操纵，所以电传是所有飞行器的发展趋势。

▲各国的先进战斗机可都是电传的啊

课17论 有没有中国手？

参考答案：

当然有。手法问题只是操作习惯问题，和生产厂家的偏好也有关系。有些遥控器只有一个杆，有些大型遥控器有3个杆。

尽管所有运动都有6个自由度，但多数航空器只有4个操作量。是因为俯仰和上下飞耦合在一起，一个动作就解决了；而滚转和左右飞也耦合在一起，一个动作也解决了。

一共4个操纵量，我们人类2只手，一只手分担2个控制量。因此每个遥控器杆不但可以左右动，还可以上下动。

▲无人航天器和无人潜水器，6个自由度不耦合，同时有6个操纵量（3个操纵杆），1个人真得手忙脚乱

▲遥控滑翔机虽然6个自由度，但耦合得厉害，所以2个操纵量（1个操纵杆），这个就休闲多了

课18论 各种固定翼飞机的着陆速度是多少？

参考答案：

大型客机和喷气式战斗机着陆速度：240 km/h左右；

小型通用航空螺旋桨载人固定翼机着陆速度：120 km/h；

100 kg级别固定翼无人机着陆速度：100 km/h；

10 kg级别固定翼无人机着陆速度：80 km/h；

2 kg航模固定翼着陆速度：60 km/h；

0.5 kg泡沫航模固定翼着陆速度：40 km/h。

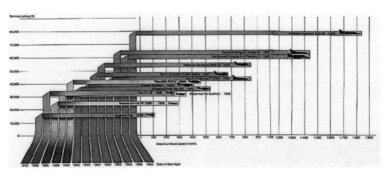

▲固定翼飞机着陆速度的规律，简单来讲就是天上飞得越快，降落时也越快；对于固定翼小无人机来讲，基本上着陆速度为巡航速度的60%~70%

课堂讨论 19 玩无人机，飞模拟器有用吗？

参考答案：

为什么现代战机和大型无人机只有少数国家有？因为买得起，用不起，1小时油钱几十万元。现代模拟器能为航空节省70%以上的训练成本。飞行员都是先用模拟器从"菜鸟"玩家变成高级玩家，再通过开真飞机变成骨灰级玩家，再通过真正的战争，变成传奇级玩家（王牌）。

▲不光无人机，战斗机也要飞模拟器

▲客机也得飞模拟器

课堂讨论 20 遥控无人机的功夫，几天能够练成？

参考答案：

正常的空间感知能力，每天练习2h的话：

练成GPS模式多旋翼操纵，约1天。

练成姿态模式多旋翼操纵，约7天。

练成姿态模式固定翼操纵，约14天。

练成舵面模式固定翼操纵，约28天。

练成舵面模式直升机操纵，约56天。

需要说明的一点是，操纵手的成长和最终水平都跟个人素质息息相关，不同人反差还是很大的。

▲练这个最简单

▲练这个最难（倒飞剪草）

堂讨 课21论 地面站能设定多少航线？多少航点？

参考答案：

最简化的地面站不能设航线，只能设一个航点，也就是当前点，可保证多旋翼在此点悬停。

最复杂的地面站能设几十条航线，几千个航点，还能在某个航点花样飞行。

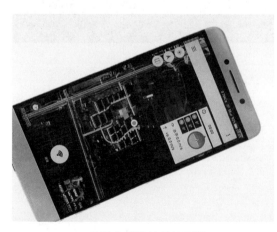

▲这是个很简洁的地面站

▲这是个很复杂的地面站

现代坦克炮管为什么要稳定？

参考答案：

玩过CS吗，装个自动瞄准的外挂，随便跑不用看，扣扳机就能打中敌人。这就是现代坦克炮管的稳定原理。

现代坦克可以通过炮管稳定系统，在坦克行进颠簸中主动控制，使炮塔自动保持对目标的瞄准，不用停下就可以随时射击。

二战时的老坦克，要先停车，再摇炮塔手轮转动炮塔方向，再摇炮管手轮控制炮管俯仰，再开炮。

二战老坦克遇到我们的99式主战坦克，击毁交换比只取决于99式的载弹量。

▲我军99A坦克在70 km/h越野狂飙中，炮管持续自动稳定对准预定目标

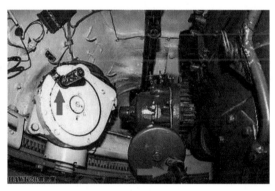

▲二战T-34坦克得停下车来，炮长拼命摇这2个手轮来对准目标

设计一架小型固定翼无人机并自动驾驶飞起来难吗？

参考答案：

累计业余时间20 h。

投入资金1 000元。

经过学习3D绘图软件、动手实践加工组装、模拟器及实机飞行练习、初步学习飞控调试与使用4个步骤。

有好的老师及教练团队带领。

电动遥控固定翼飞机EPP DIY套材学校创客配件

| 价格 | ¥192.00-735.00 | 1 累计评论 | 0 交易成功 |

▲中国有最物美价廉的固定翼飞机DIY材料

APM2.8飞控 2.6 2.5.2飞控板

| 价格 | ¥ 108.00-388.00 | 521 累计评论 | 155 交易成功 |
| 淘宝价 | ¥107.90-387.90 好货也疯狂 | | |

配送

飞机   自稳/定点/返航/跟随/绕圈

颜色

▲中国有最物美价廉的机载设备和发烧友群体

课堂讨论 24 设计一架小型多旋翼无人机并自动驾驶飞起来难吗？

参考答案：

累计业余时间15 h。

投入资金1 500元。

经过学习3D绘图软件、动手实践加工组装、模拟器及实机飞行练习、飞控调试与使用初步训练4个阶段。

有好的老师及教练团队带领。

开源四轴 飞控算法代码开源 无人机飞行器DIY stm32多旋翼

| 价格 | ¥209.99-229.99 | 16 累计评论 | 6 交易成功 |
| 淘宝价 | ¥199.49-218.49 大减价 | | |

飞控算法　代码开源　注释详细
串级PID　在线答疑　大功率无线

▲一套廉价的微型多旋翼无人机DIY散件就能为你打开无人机工程师殿堂的大门

▲随着机械、电子等知识与技能的不断积累，你所研发的无人机将更高、更大、更强

参考文献

[1] 陈勤，吴华宇．大学摄影教程 [M]．北京：人民邮电出版社，2013．

[2] 孙毅，王英勋．无人机驾驶员航空知识手册 [M]．北京：中国民航出版社，2014．

[3] 雷曼尔．现代飞机设计 [M]．钟定逵，译．北京：国防工业出版社，1992．

[4] 方宝瑞．飞机气动布局设计 [M]．北京：航空工业出版社，1997．

[5] 顾诵芬．飞机总体设计 [M]．北京：北京航空航天大学出版社，2002．

[6] 徐鑫福．现代飞机操纵系统 [M]．北京：北京航空学院出版社，1987．

[7] 郭锁凤．先进飞行控制系统 [M]．北京：国防工业出版社，2003．

[8] 杨景佐，曹名．飞机总体设计 [M]．北京：航空工业出版社，2003．

[9] 中国大百科全书总编辑委员会．中国大百科全书：航空航天 [M]．北京：中国大百科
   全书出版社，1985．

[10] 谢础，贾玉红．航空航天技术概论 [M]．北京：北京航空航天大学出版社，2005．

[11] 顾诵芬．航空航天科学技术：航空卷 [M]．济南：山东教育出版社，1998．

[12] 顾诵芬．现代航空科学技术：蓝天雄鹰探密 [M]．济南：山东教育出版社，2001．

[13] 王志瑾，姚卫星．飞机结构设计 [M]．北京：国防工业出版社，2007．

[14] 刘植桢．计算机控制 [M]．北京：清华大学出版社，1981．

[15] 李友善．自动控制原理 [M]．修订版．北京：国防工业出版社，1989．

[16] 《飞机设计手册》总编委会．飞机设计手册 [M]．北京：航空工业出版社，1996．

[17] 杨华保．飞机原理与构造 [M]．西安：西北工业大学出版社，2002．

[18] 陈廷楠．飞机飞行性能品质与控制 [M]．北京：国防工业出版社，2007．

[19] 朱自强，吴宗成．现代飞机设计空气动力学 [M]．北京：北京航空航天大学出版社，
   2005．

[20] 章澄昌．飞行气象学 [M]．北京：气象出版社，2000．